TOURS

DE PHYSIQUE ET DE CHIMIE

AMUSANTES

6343-90. — Corbeil. Imprimerie Crété.

TOURS

DE PHYSI　E

ET DE CHIMIE

AMUSANTES

RECUEILLIS ET MIS EN ORDRE

PAR

GASTON BONNEFONT

PARIS

LIBRAIRIE DE THÉODORE LEFÈVRE ET Cie

ÉMILE GUÉRIN, ÉDITEUR

2, RUE DES POITEVINS

PRÉFACE

Ce petit volume a été écrit pour quiconque, ne connaissant des sciences physiques que ce que les profanes en connaissent, s'intéresse néanmoins aux phénomènes dont elles traitent, et y cherche une distraction, soit pour lui seul, soit aussi pour ceux qui l'entourent. Toutes les expériences qu'il contient reposent sur des principes élémentaires, et rien, dans leur description, ne pourra embarrasser le lecteur; on a préféré la simplicité à l'érudition.

Tel qu'il est, un pareil livre ne sera pas sans quelque utilité; du moins on l'espère. Les tours qu'il renferme rappelleront sans cesse à l'esprit des propriétés des corps ou des lois auxquelles ils sont soumis; les unes et les autres apparaîtront d'autant plus claires, et il sera d'autant plus facile de les fixer dans la mémoire, qu'elles se manifesteront par des phénomènes visibles et par des applications.

1

Si les ouvrages techniques ont leur nécessité, ils ne s'adressent qu'à un nombre res-
treint de lecteurs. Ici, on a voulu s'adresser à
tout le monde, ce pour quoi on a soigneuse-
ment élagué tout ce qui serait trop spécial,
trop aride, ou d'une compréhension malaisée.
On a complètement supprimé la démonstra-
tion par syllogismes ; on a sacrifié la théorie à
l'expérience.

On a pris pour guide la célèbre devise du
poète latin : *lectorem delectando, pariterque
monendo.* Instruire en amusant, c'est, en effet,
un *desideratum* auquel le temps n'a pas touché, et auquel il ne touchera jamais sans
doute, car la nature de l'homme sera toujours
la même, car nous avons été créés pour le plaisir autant que pour le travail.

Le plaisir étant une nécessité de notre nature,
la question est seulement de le choisir avec
discernement. Il y a des plaisirs qui sont re-
commandables, il y en a d'autres qui ne le
sont pas. Celui que procurera ce livre sera
licite à tous égards ; il convient aux grands
enfants comme aux petits.

En suivant ses indications, on pourra orga-
niser, pour les jours pluvieux où l'exercice en

plein air n'est pas possible, pour les soirées
d'où sont proscrites la musique et la danse,
des représentations où l'intelligence trouvera
son compte, où la curiosité et l'intérêt seront
constamment tenus en éveil, où l'on augmentera son bagage de connaissances. Sans mé-
dire du piano et de la valse à trois temps, qui
sûrement ont leurs mérites, on peut admettre
que pareille récréation les vaudra ; il en restera quelque chose, par où elle n'aura pas été
inutile.

Ajoutons que cette récréation sera à la
mode. Oui, à la mode. La vogue, actuellement, est, en effet, à la science dégagée de
ses abstractions. Il semble que quelque bon
génie nous ait dit : — Vulgarisez, il en restera
toujours quelque chose.

Ce recueil est divisé en trois parties : la
première est relative aux tours de physique ; la
deuxième aux tours de chimie ; la troisième
aux tours qui ne peuvent pas être classés sous
l'une des deux premières dénominations.

La plupart de ces tours n'exigent pas d'ap-
pareils compliqués ; dans aucun cas leur exé-
cution ne comporte de danger.

Nous recommandons au lecteur de fabriquer lui-même, autant que possible, les petits accessoires dont il aura besoin ; ce sera pour lui un exercice qui développera son habileté. Avant d'exécuter un tour en public, il devra en assurer la réussite complète en la pratiquant seul.

G. B.

TOURS

DE

PHYSIQUE ET DE CHIMIE AMUSANTES

PREMIÈRE PARTIE
PHYSIQUE

CHAPITRE PREMIER

EXPÉRIENCES RELATIVES A LA PESANTEUR, A L'ÉQUILIBRE
ET AU CENTRE DE GRAVITÉ.

Expériences à faire à table.

1. — Versez de l'eau dans un verre à pied

Fig. 1.

jusqu'à ce qu'il soit plein au ras du bord et couvrez-le d'une feuille de papier qui adhère bien

exactement aux bords et au liquide. Puis retournez le verre en le tenant par son pied. La
feuille de papier suffira à empêcher l'eau de s'é-
couler, parce qu'elle sera maintenue par la pression atmosphérique (fig. 1).

II. — Versez de l'eau dans une assiette; mettez sur cette eau un petit flotteur de liège où
vous ferez brûler une allumette-bougie fixée ver-

Fig. 2.

ticalement ou un morceau de papier, et coiffez la
flamme d'un verre retourné (fig. 2). Le volume
de l'air contenu dans le verre diminuera au fur et
à mesure que l'allumette ou le papier brûlera, et la
pression atmosphérique agira sur l'eau pour la
faire monter peu à peu dans l'intérieur du verre.

III. — Enflammez du papier et laissez-le tomber dans une carafe pleine d'air. Quand le pa-

pier aura brûlé quelques instants, fermez l'orifice de la carafe avec un œuf dur dépouillé de
sa coquille et pressez-le un peu pour qu'il forme

Fig. 3.

un bouchon bien hermétique. La combustion du
papier ayant raréfié l'air dans l'intérieur de la
carafe, l'œuf éprouvera les effets de la pression
de l'atmosphère et s'allongera dans le goulot ;
puis, quand il sera suffisamment étiré, il des-

cendra peu à peu; et enfin il entrera brusquement dans la carafe en faisant en tendre une
petite détonation (fig. 3).

IV. — Piquez deux fourchettes dans un bouchon de liège, de telle manière que ces deux
fourchettes se trouvent dans un plan passant par

Fig. 4.

l'axe du bouchon, et placez le bouchon sur le
bord du goulot d'une bouteille. Les fourchettes
et le bouchon formant un système dont le centre
de gravité se trouve au-dessus du point d'appui,
vous pouvez pencher la bouteille sans que ce
système perde son équilibre, de sorte que si la
bouteille est pleine, vous pourrez la vider entiè-
rement sans que les fourchettes tombent (fig. 4).

V. — Si l'on sert dans un repas une bécasse,
ou tout autre oiseau à long bec, on en sépare

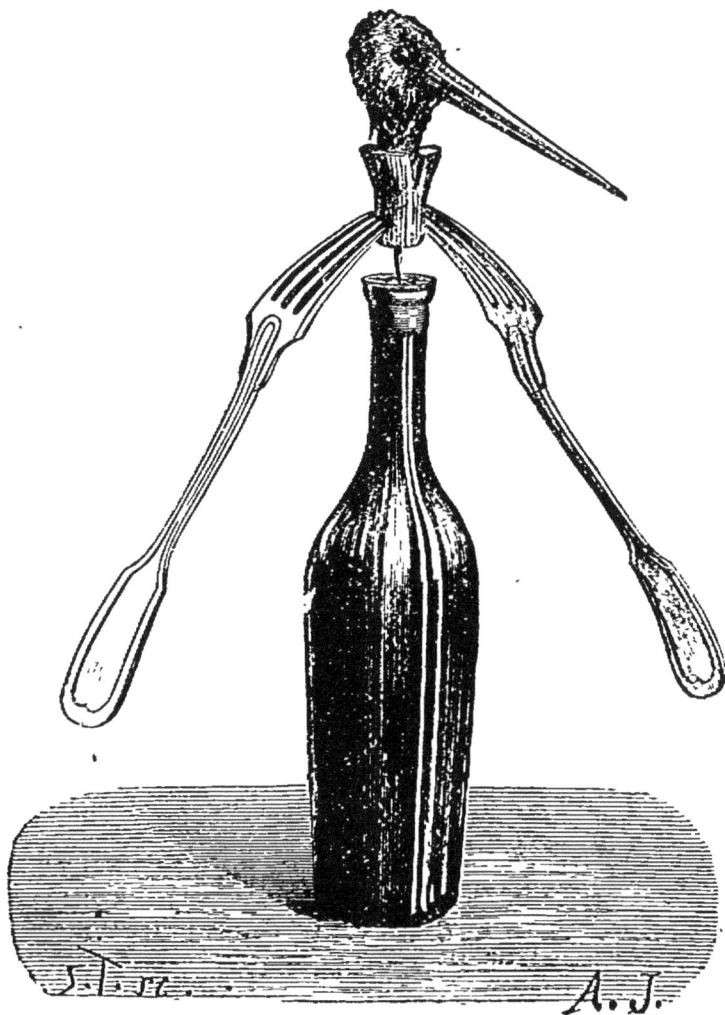

Fig. 5.

la tête en bas du cou, — on fend un bouchon de
manière à pouvoir y introduire le cou de l'oiseau,
qui doit être suffisamment serré, — puis on
adapte au bouchon deux fourchettes, comme

1.

dans l'expérience précédente, — et on enfonce
une épingle dans le bouchon. On place ce petit
appareil sur une pièce de monnaie mise à plat
sur l'orifice d'une bouteille; et lorsque l'équilibre est établi, on imprime un mouvement de rotation à l'une des fourchettes (fig. 5). On voit alors
tourner sur leur pivot, qui n'est qu'une simple
tête d'épingle, les deux fourchettes et le bouchon
surmonté de la tête de bécasse. Rien ne saurait
être plus comique que le long bec de l'oiseau se
tournant successivement vers chacune des personnes assises à la table, le plus souvent avec de
petits mouvements oscillatoires qui donnent à la
tête l'apparence de la vie.

On peut faire servir l'instrument à un jeu
original. Chacune des personnes assemblées met
un enjeu, et le total de ces enjeux appartient à
celle devant qui s'arrête le bec de l'oiseau.

Variantes des expériences précédentes.

I. — Si vous fixez à un morceau de bois d'environ 35 centimètres de longueur deux couteaux
se faisant face, vous tiendrez sans difficulté ce
morceau de bois en équilibre sur le bout d'un de
vos doigts.

II. — Glissez une pièce de cinq francs en argent (ou une pièce de dix centimes) entre les
dents de deux fourchettes d'un poids égal et dé-

posez doucement cette pièce sur le bord d'un

Fig. 6.

verre. Le système restera en équilibre (fig. 6).

Le tour des trois bâtons.

Posez sur une table les deux bâtons AB et CD ; puis prenez un troisième bâton EF et faites-le passer sous le bâton AB au point N et sur le

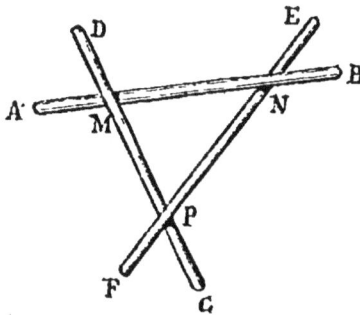

Fig. 7.

bâton CD au point P (fig. 7). Il est évident que dans cette disposition chacun des bâtons a une de ses

extrémités maintenue en l'air par l'un des deux
autres bâtons et que le système des trois bâtons
est en équilibre.

On peut remplacer les bâtons par des couteaux dont les manches seraient en A, E et C, et
les lames en B, F et D.

On peut faire mieux encore : — Au lieu de

Fig. 8.

poser les manches des couteaux sur la table, on
peut les poser sur les bords de trois verres occupant les sommets d'un triangle à peu près équilatéral. Les trois lames formeront alors une sorte
de plate-forme très solide sur laquelle on pourra
mettre une bouteille, une carafe, ou tout autre
objet d'un poids raisonnable (fig. 8).

Cet arrangement montre comment on peut

jeter un pont sur un cours d'eau avec trois
planches d'une longueur moindre que la lar-
geur du cours d'eau, — ou encore comment on
peut construire un colombier sur trois piliers en
employant des solives trop courtes pour aller
d'un pilier à l'autre.

Là danse du verre.

Prenez deux bouteilles de même hauteur et
munissez chacune d'elles d'un bouchon taillé à
arête vive à la partie supérieure. Placez ces
deux bouteilles sur une table, de telle manière
que les arêtes des bouchons soient parallèles ; et
appliquez sur chaque bouchon un couteau, reposant par la partie de la lame voisine du manche, et les manches en dehors. Maintenez les
deux lames horizontales en pressant leurs extrémités entre le pouce et l'index de la main gauche, et prenez avec la main droite un verre à
liqueur à moitié rempli d'eau que vous poserez
bien également sur les deux lames. Il suffira de
rapprocher ou d'éloigner un peu les bouteilles
pour que le système des couteaux et du verre
soit en équilibre. Prenez alors un fil auquel
vous aurez fixé une petite boule de plomb et
plongez doucement cette boule dans l'eau sans
toucher le fond du verre : le verre et les lames
de couteau s'abaisseront. Puis, quand vous relè-
verez le fil, le verre se relèvera également. En
abaissant et en élevant ainsi la main successive-

ment, le verre semble obéir au fil et exécute un mouvement d'oscillation vertical comparable à la danse d'une marionnette.

Le jeu du bobéchon.

On fait, en roulant sur elle-même une bande de drap ou de flanelle, un cylindre AB, de 8 centimètres de hauteur et de 1 centimètre de diamètre, que l'on coud, pour qu'il conserve sa forme, sur le bord de l'étoffe.

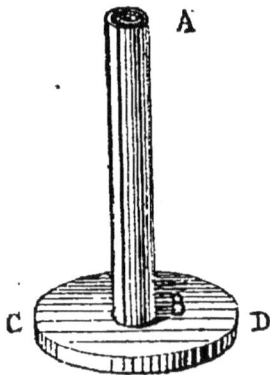

Fig. 9.

Puis on découpe dans du molleton un cercle CD, de 4 centimètres de diamètre, et l'on coud le cylindre au centre du cercle de telle manière que l'axe du cylindre soit perpendiculaire au plan du cercle. Le petit appareil ainsi obtenu s'appelle un bobéchon (fig. 9).

Le jeu du bobéchon se joue beaucoup dans les fêtes foraines. Il consiste en ceci : — on dépose un sou sur le sommet A du cylindre et on place l'appareil sur une assiette plate ; il s'agit alors de faire sortir de l'assiette le sou et le bobéchon en se servant d'un mince baguette d'osier.

Ce jeu paraît très simple ; en réalité, on n'y peut réussir qu'à certaines conditions. La difficulté commence quand on a amené le bobéchon au bord de l'assiette. Si alors on donne avec la baguette une vive poussée, le bobéchon sautera hors de l'assiette, mais, en vertu du principe de l'inertie, le sou tombera à l'intérieur. Si, au contraire, on cherche à incliner le bobéchon vers l'extérieur, le sou tombera à l'extérieur, mais le bobéchon basculera et restera dans l'assiette.

La seule façon de résoudre le problème est la suivante :

Tenez la baguette de telle sorte qu'elle forme un arc s'appuyant sur le bord de l'assiette qui vous est opposé et sur le molleton ; amenez lentement et latéralement le bobéchon vers le bord de l'assiette par un mouvement du poignet ; et allongez subitement le bras. Le cylindre s'inclinera hors de l'assiette ; et quand le sou sera au moment de tomber, vous n'aurez qu'à donner un petit coup sec : le bobéchon sautera au loin et le sou tombera juste à l'extérieur de l'assiette.

Un maître coup de bâton.

Installez deux verres à pied sur deux appuis de même hauteur, placés à une distance d'environ 1 mètre l'un de l'autre. Déposez sur ces verres un bâton AB, dont les extrémités auront été taillées en pointes ou seront terminées par des aiguilles (fig. 10).

Chacune de ces extrémités reposant sur l'un des bords des verres, si on frappe, avec un second bâton, le bâton AB en son milieu, ce bâton AB se

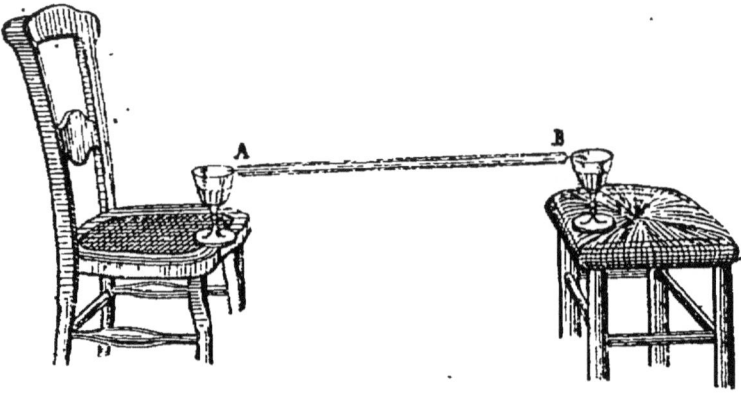

Fig. 10.

brisera en ce point et les verres resteront intacts.

La chaise et le lustre en équilibre.

A une baguette AB attachez une chaise,

Fig. 11.

comme l'indique la figure 11. Si vous déposez

cette baguette sur un chambranle horizontal M, le siège et la partie inférieure de la chaise amèneront, par leur poids, le centre de gravité du système mobile au-dessous du chambranle M et ce système sera en équilibre.

Decremps, qui décrit l'expérience précédente dans son ouvrage *La Magie blanche dévoilée*, en mentionne une seconde, fondée sur le même principe, mais qui exige un appareil spécial.

« M. Miller, dit-il, nous présenta un lustre à quatre branches, portant au haut de sa tige une boule au milieu de laquelle était une ouverture cylindrique dans une direction horizontale. Il nous dit qu'en faisant entrer un bout de la baguette dans cette ouverture et en appuyant l'autre sur le chambranle, comme auparavant, le lustre resterait suspendu comme la chaise; mais il ajouta que cette expérience ne réussirait qu'entre ses mains. » Ici Decremps raconte qu'effectivement on essaya en vain de faire tenir le lustre en équilibre, et il croit devoir donner, dans un style à peu près incompréhensible, les raisons d'un insuccès qu'indique *à priori* la loi générale de la pesanteur. Puis il continue :

« — Mon lustre, nous dit M. Miller, n'est point composé de matière homogène.

« Et, pour ne pas nous tenir plus longtemps en suspens, il nous fournit l'explication que voici :

« — Quand je mets le lustre entre vos mains, la branche A (fig. 12), qui passe sous le cham-

branle, est du même poids que chacune des
autres et cède à l'effort réuni que les trois autres
font pour s'approcher du centre de la terre. Elle
s'élève en décrivant un arc, à mesure que les
autres descendent, et la baguette, qui se baisse
dans la même proportion, glisse sur le chambranle et tombe à terre. Mais lorsque je veux
faire moi-même l'expérience, je mets secrètement
dans la bobèche, au bout de la branche A, une

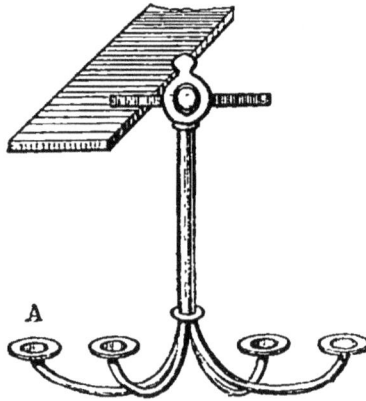

Fig. 12.

balle de plomb, qui, tendant vers la terre avec
autant de force que les trois autres branches, les
empêche d'avancer sous le point d'appui. La
baguette ne peut donc alors cesser d'être parallèle
à l'horizon et par conséquent elle ne peut des-
cendre. — Quand je veux faire manquer ou
réussir l'expérience entre vos mains, sans toucher
au lustre, j'en substitue un second au premier.
Les branches de ce nouveau lustre (fig. 13) sont
entre elles du même poids, comme celles du

précédent ; l'expérience ne peut donc avoir lieu
sans ajouter un certain poids à celle qui s'avance
sous le chambranle. Voici le moyen que j'emploie
pour rendre cette branche plus pesante sans y
toucher.

« Tandis que vous essayez de faire l'expérience, une certaine quantité de mercure, qui
remplit la boule A, passe dans la boule B dans
l'espace d'environ trois ou quatre minutes. Aussi-

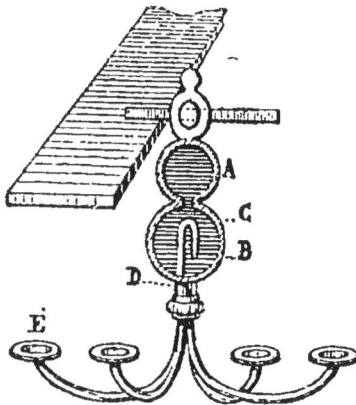

Fig. 13.

tôt que le mercure est monté dans cette seconde
boule jusqu'au point C, il s'écoule tout entier par
le siphon BCD et passe en un instant dans la
boule E, où il produit le même effet que la balle
de plomb dans le premier lustre. Par ce moyen
l'expérience réussit alors, quoiqu'elle n'ait pu
avoir lieu deux ou trois minutes auparavant. Et
comme j'ordonne en commençant qu'elle ne
puisse pas avoir lieu, et, trois minutes après,
qu'elle réussisse parfaitement, chacun s'imagine

que je peux la faire manquer ou réussir par ma
seule volonté, sans employer aucun moyen
physique. »

L'entêté.

L'entêté est une figurine qui se relève toujours
d'elle-même et sans le secours d'aucun contre-
poids (fig. 14).

Cette figurine se construit très facilement. Il

Fig. 14.

suffit de tailler le corps, sans bras ni jambes, en
forme de magot, dans de la moelle de sureau
dont on arrondit la base, contre laquelle on colle
une demi-boule de plomb.

Le rapprochement difficile.

Placez deux personnes face à face, un genou
en terre, l'autre en l'air ; mettez dans la main
droite de l'une une bougie allumée, dans la main

droite de l'autre une bougie non allumée, et invitez ces deux personnes à rapprocher les deux bougies de manière à ce que celle qui ne brûle pas s'allume à la flamme de celle de son vis-à-vis. La position des deux personnes est tellement instable qu'il leur sera très difficile, sinon impossible, de mettre les deux mèches en contact.

Un enlèvement peu laborieux.

Invitez l'homme le plus lourd de la société à se coucher de tout son long sur une table, les jambes tendues, les talons appuyés l'un contre l'autre et les bras collés au corps. Puis placez deux enfants à sa gauche et deux autres à sa droite.

Ces enfants poseront leurs index :

Le 1er sous l'épaule et sous la hanche du patient ;

Le 2e sous sa hanche et sous son mollet ;

Le 3e et le 4e aux mêmes points que les deux premiers, du côté opposé.

A un signal convenu, les quatre enfants et le patient aspireront simultanément l'air à pleins poumons ; les enfants lèveront les doigts et un léger effort suffira pour qu'ils enlèvent de sur la table le corps du patient et le maintiennent en l'air tant que durera l'aspiration.

La boule tricheuse.

Prenez une boule de bois, percez un petit trou

en un point quelconque A de sa surface, évidez
une légère partie B de son intérieur, et versez
du plomb fondu dans le creux ainsi formé ; puis
rebouchez le trou A de telle manière qu'il passe
inaperçu (fig. 15). Vous pouvez alors parier,
presque à coup sûr, que le plus habile joueur ne
renversera pas, en faisant rouler cette boule,

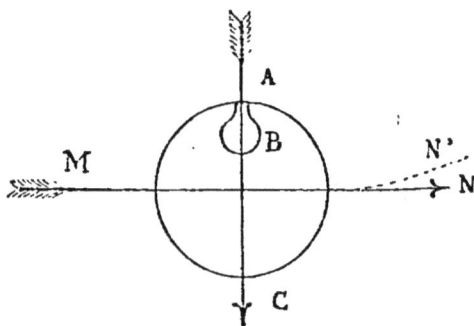

Fig. 15.

une quille placée à une faible distance sur un
parquet parfaitement plan.

En effet, le centre de gravité de la boule a été
déplacé par l'introduction du plomb et ne coïn-
cide plus avec le centre de figure, si bien que
cette boule déviera de la ligne droite. Si elle est,
par exemple, lancée dans la direction MN, elle
obliquera dans la direction MN'.

Il est cependant un cas où il ne se produira
aucune déviation : c'est celui où la boule sera
lancée dans la direction AC. Mais cela n'arrivera
pas une fois sur mille; aussi pouvez-vous parier
presque à coup sûr.

Le fil obéissant.

Suspendez une boule de bilboquet M à un appui quelconque par un fil peu résistant AB, et attachez un fil semblable CD à la partie inférieure de cette boule. Vous pouvez déclarer à coup sûr qu'en tirant en D sur le fil CD, vous casserez à volonté le fil CD ou le fil AB (fig. 16).

Pour que le fil CD casse, vous tirerez fort et brusquement ; le mouvement que vous communiquerez ainsi au fil n'aura pas le temps de se propager dans la masse sphérique et de se transmettre au fil AB. Pour que ce soit le fil AB qui casse, vous tirerez, au contraire, progressivement et sans choc ; le fil AB cassera dans ce cas, à cause du poids de la masse sphérique qu'il supporte.

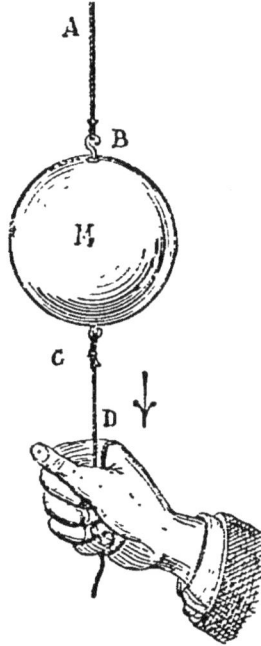

Fig. 16.

Le lève-pierre.

Avec une rondelle de cuir ou de feutre mouillé, au centre de laquelle est attachée une ficelle, on peut soulever des pierres assez lourdes. Il suffit, pour cela, d'appliquer la rondelle sur la pierre de façon qu'elle y adhère exactement.

Ce phénomène est dû tout simplement à la pression atmosphérique, qui s'exerce sur la rondelle et la colle pour ainsi dire à la pierre.

Une applique obéissante.

Ce genre d'applique, maintenant un peu abandonné, a été jadis fort à la mode. Il se compose d'une sorte de cloche AB, en métal ou en bois, dont l'intérieur M est un cylindre creux

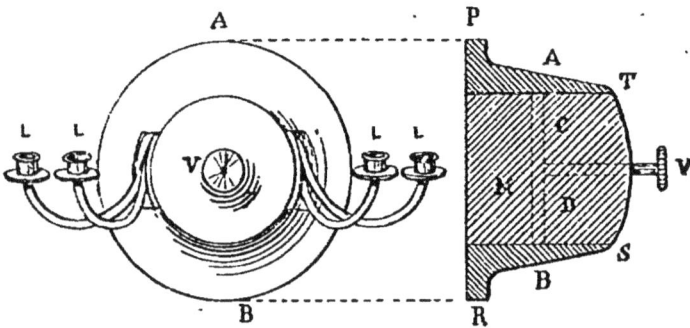

Fig. 17.

dans lequel peut se mouvoir un disque CD, actionné par la vis V. Cette cloche supporte un nombre quelconque de candélabres L; elle est garnie de caoutchouc sur son bord PR (fig. 17).

Pour fixer cette applique contre une surface verticale, — mur ou glace, — on maintient sa base PR contre la surface, en ayant soin d'amener le disque CD en contact avec cette surface. Puis, maintenant toujours l'appareil, on tourne la vis V, de manière que le disque CD se rapproche de l'extrémité ST de la cloche. L'applique

ne tardera pas à être solidement collée à la surface par la pression atmosphérique, qui agira à
l'extérieur de l'appareil tandis que le vide sera
produit à l'intérieur par le retrait du disque.

Le ludion.

Le ludion (fig. 18) se compose d'une figurine

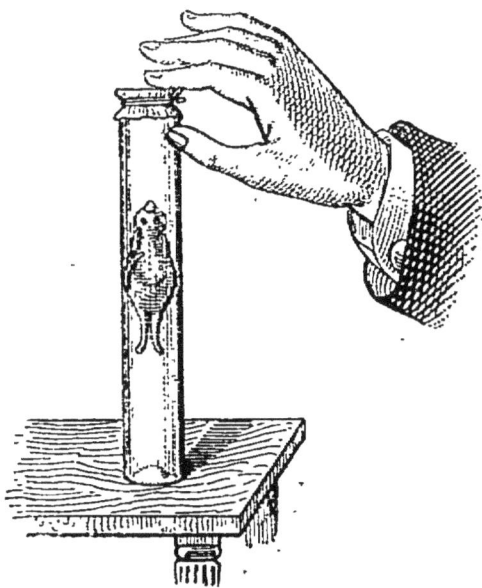

Fig. 18.

d'émail représentant un personnage quelconque,
suspendue à une boule de verre pleine d'air et de
grosseur telle que le poids de l'ensemble soit à
peine inférieur à celui d'un égal volume d'eau.
De plus, l'ampoule de verre porte à sa partie inférieure une petite ouverture par laquelle l'air
intérieur se trouve en communication avec
l'atmosphère.

Si l'on plonge dans l'eau un semblable appareil, son poids se trouvera égal à celui de l'eau
déplacée ; il sera donc en équilibre et restera
immobile à l'endroit où on l'aura mis. Mais si
la pression que supporte le liquide dans lequel il
se trouve vient à changer, l'équilibre sera
détruit ; si la pression augmente, l'air du flotteur
se comprimera et la figurine tombera au fond de
l'eau ; si, au contraire, la pression diminue, la
figurine montera à la surface de l'eau.

On provoque ces changements de pression en
fermant l'ouverture du vase où doivent avoir lieu
les expériences avec une feuille mince et tendue
de caoutchouc. Lorsqu'on appuiera avec le doigt
sur cette feuille, elle s'affaissera ; la pression
augmentera à la surface de l'eau et la figurine
descendra. Puis, quand on retirera le doigt, le
caoutchouc reprendra sa position première ;
alors la pression diminuera et la figurine remon-
tera dans l'eau.

On désigne quelquefois les ludions sous le
nom de *diables cartésiens*.

Un siphon sans tube.

Découpez une lanière de drap A, laissez-la
dans l'eau jusqu'à ce qu'elle soit imbibée, et
disposez-la ensuite sur deux verres VV' placés à
des niveaux différents. Si vous remplissez d'eau
le verre V, la lanière, agissant par capillarité,

comme agirait un siphon, déversera dans le vase

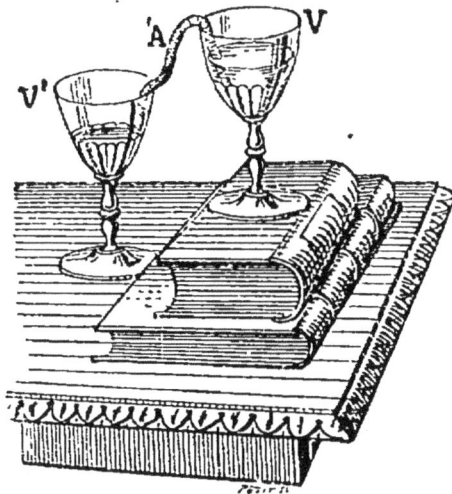

Fig. 19.

V' toute l'eau du vase V (fig. 19).

CHAPITRE II

La boule magique.

Il n'est personne qui ignore que la chaleur dilate tous les corps. Une boule métallique qui, froide, passe à travers un anneau; ne passe plus si on la chauffe suffisamment (fig. 20).

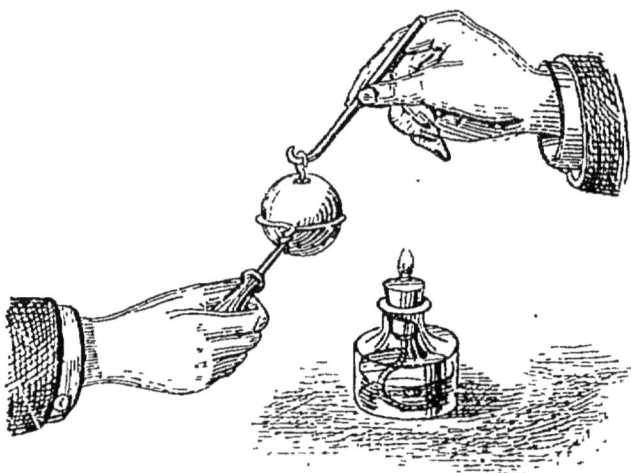

Fig. 20.

De là, une expérience qui ne manquera pas d'amuser un jeune auditoire. Vous prenez avec une tige une boule métallique munie d'un crochet et vous la faites passer dans un anneau; puis vous déclarez que toutes les cinq minutes cette boule, d'un caractère fort intermittent, se décide

alternativement à passer et à ne pas passer dans
l'anneau. Elle vient de passer, tout à l'heure elle
ne passera pas. Du reste, vous la montrez à tout
le monde et vous permettez qu'on la touche pour
s'assurer qu'elle ne contient aucun mécanisme
intérieur. Cela fait, vous l'accrochez au-dessus
d'une lampe à alcool cachée derrière un écran
ou un objet quelconque, et vous procédez à une
autre expérience. Cinq minutes après, vous la
prenez avec votre tige, et vous montrez que,
comme vous l'aviez annoncé, elle ne
passe plus à travers l'anneau. Il vous
suffira de la laisser refroidir pour
qu'elle passe à nouveau.

Le fil magique.

Prenez un fil épais que vous avez
préalablement frotté avec du sel de
cuisine, passez-le dans une bague, et
nouez-le. Fixez ensuite ce fil à un clou
et approchez-en une allumette qui le
consume complètement. La combus-

Fig. 21.

tion opérée, le fil aura encore assez de résistance
pour soutenir la bague, qui ne tombera pas
(fig. 21).

Fondre du plomb dans du papier sans le brûler.

Suspendez avec une pince une boule de plomb
roulée dans du papier au-dessus de la flamme

2.

d'une bougie. Le métal fondra et s'écoulera par

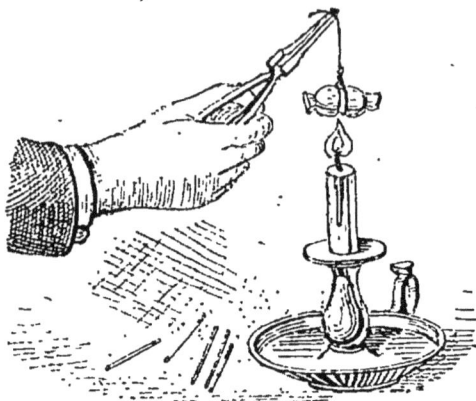

Fig. 22.

un trou qu'il percera lui-même dans le papier ;
mais le papier ne brûlera pas (fig. 22).

Une flamme qui ne brûle pas.

Aspirez fortement la flamme d'une bougie ;

Fig. 23.

elle pénétrera dans votre bouche sans vous brû-

ler, parce qué la force même de l'aspiration
l'empêchera de se fixer sur vos lèvres, qui seront,
de plus, protégées par l'air aspiré en même temps
que la flamme, qu'il entourera d'une enveloppe
fraîche (fig. 23).

Une lampe sans flamme.

Tournez un fil très mince de platine en spirale
autour de la mèche d'une lampe à esprit-de-vin.

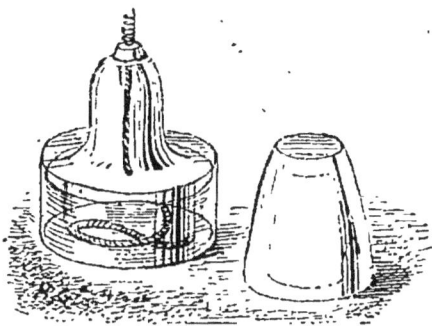

Fig. 24.

Dès que le métal aura rougi sous l'influence de
la flamme, éteignez la mèche : le fil restera in-
candescent tant qu'il y aura de l'alcool dans la
lampe, et, à défaut de flamme, il donnera une
lumière suffisante pour qu'en s'en approchant on
puisse lire une lettre (fig. 24).

Un feu d'artifice dans un flacon.

Prenez un ressort de montre, allongez-en la
spirale, fixez l'une de ses extrémités à un bou-

chon de liège et mettez à l'autre extrémité un
petit morceau d'amadou enflammé. Si vous plongez le ressort dans un flacon que vous aurez préalablement rempli de gaz oxygène, il brûlera en
répandant une éblouissante clarté et en projetant
des étincelles métalliques (fig. 25).

Pour éviter que le flacon éclate, il faut prati-

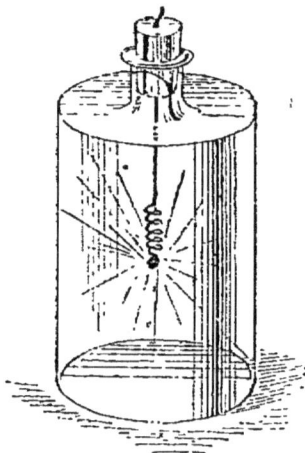

Fig. 25.

quer dans le bouchon une petite incision en
forme de rainure, par laquelle s'échapperont les
gaz produits par la combustion de l'acier.

Fondre une pièce de monnaie dans une coquille de noix sans la brûler.

Remplissez une coquille de noix (fig. 26) d'une
partie de sciure de bois et de soufre pilé et de trois
parties d'azotate de potasse desséché; couvrez avec
une pièce de cinquante centimes, déposez le tout

sur une cuiller de fer, et mettez le feu. Après la combustion de la sciure, du soufre et de l'azotate de potasse, la pièce apparaîtra fondue, sous la forme

Fig. 26.

d'une masse rougeâtre qui redeviendra solide en se refroidissant. La coquille de noix sera seulement noircie.

La sculpture par dilatation.

Prenez un morceau de bois bien sec et très sain, du buis ou du chêne, par exemple ; appliquez sur sa surface un poinçon portant un dessin quelconque tracé en relief, faites par une forte pression pénétrer ce poinçon à quelques millimètres dans le bois, et rabotez ensuite la surface jusqu'à ce qu'elle soit unie. Si vous plongez le morceau de bois dans de l'eau bouillante, vous verrez bientôt apparaître en relief le dessin du poinçon.

L'explication de ce phénomène est très simple. La compression exercée à la surface du bois en a tassé les molécules ligneuses de manière à leur faire subir une diminution de volume. Quand la partie ligneuse non comprimée est rabotée, il y a

sur tous les endroits comprimés plus de molécules ligneuses qu'ailleurs; et quand l'eau agit sur
le bois, les molécules comprimées se dilatent,
s'élèvent au-dessus de la surface et représentent
le dessin dont on s'est servi.

C'est sur ce phénomène qu'est fondée la fabrication des tabatières en bois sculpté et des divers
menus objets similaires. Du reste, on a employé
de temps immémorial la dilatation du bois comme
force active. On l'utilise encore aujourd'hui pour
diviser des blocs de pierre. Il suffit, pour cela,
de prendre des coins de bois, de les faire bien
sécher au feu, de les introduire dans des entail-
les pratiquées dans le bloc et de les arroser avec
de l'eau bouillante. La dilatation produit une
telle force que le bloc éclate.

Une génération spontanée.

Pratiquez dans un gros bouchon un trou cylindrique ABCD (fig. 27); fermez

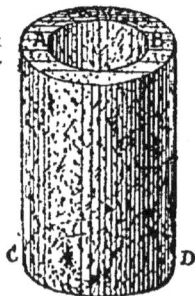

Fig. 27.

l'ouverture CD avec un morceau
de sucre et remplissez le trou de
raclures de corne et de débris de
cordes à violon. Enfoncez ce bouchon dans le goulot d'un flacon
rempli d'eau et faites chauffer au
bain-marie. Si vous secouez le
flacon, le sucre qui ferme l'ori-
fice CD du bouchon se dissoudra, laissant tomber
les débris de corne et de cordes, qui, crispés et

tordus par la chaleur, figureront de petits vers vivants et remuants.

Il faut, quand on exécute cette expérience, ne chauffer que faiblement l'eau du flacon, prendre des raclures de corne et des débris de cordes un peu longs et un peu larges, se servir d'un flacon dont le verre ne soit pas très transparent, et ne laisser que quelques instants l'appareil sous les regards des spectateurs pour qu'ils n'aient pas le temps de se rendre compte du stratagème employé.

La viande gâtée.

Coupez une chanterelle de violon en petits morceaux. Si vous jetez quelques-uns de ces morceaux sur un plat de viande chaude, au moment où on l'apporte sur la table, la chaleur les dilatera et leur fera faire des mouvements que les convives n'hésiteront pas à attribuer à des vers.

Le cheveu obstiné.

Dites à une personne de nouer un cheveu et de le placer dans sa main fermée. Au bout de quelques minutes, vous pourrez affirmer que le nœud est desserré, sinon défait.

Ce résultat est dû à l'action exercée sur le cheveu par la chaleur de la main.

Un moteur original.

Avec une carte à jouer découpée en spirale

formez un cône qui reposera à son sommet sur une mince baguette ou sur un fil de fer. Si vous suspendez ce petit appareil au-dessus d'une lampe, le courant d'air chaud qui s'échappera du verre suffira pour faire tourner la spirale (fig. 28).

Le cadre magique.

Faites fondre ensemble de l'huile de lin, du saindoux et de la cire blanche; avec le mélange obtenu remplissez un verre *concave*, que vous couvrirez d'un autre verre *plat* de même diamètre, et collez les deux verres bord à bord à la colle forte avec une bande de baudruche. Enfin appliquez derrière le verre plat un portrait (ou un dessin quelconque) et placez l'appareil (le verre concave en avant) dans un cadre qui masquera la bordure de baudruche.

Dans cet état, il semble que le verre bombé ne recouvre qu'une feuille de papier blanc; mais il suffit d'approcher une lampe à alcool pour que la composition grasse fonde et que le portrait apparaisse.

Fig. 28.

La force de la glace.

Remplissez d'eau une sphère de cuivre ou un canon de fusil et bouchez hermétiquement au moyen d'une forte vis. Si vous exposez la sphère ou le canon à un froid très vif, la congélation de l'eau les brisera (fig. 29).

On peut obtenir un abaissement considérable

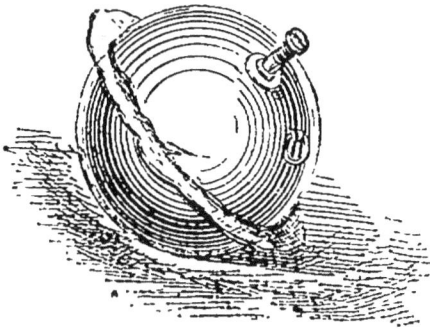

Fig. 29.

de température (0° à — 46°) au moyen d'un mélange de trois parties de neige ou de glace pilée et de quatre parties de potasse.

Préparer du vin chaud sans feu dans une bouteille fermée et déboucher la bouteille sans tire-bouchon.

Après avoir mis dans une bouteille de verre résistant du vin sucré et aromatisé, bouchez légèrement cette bouteille et fixez-la par le creux de sa partie inférieure sur un support A qui

3

peut être mis en mouvement par une roue R.
Serrez la bouteille entre deux plaques de bois BC
à renflements cylindriques et faites tourner rapidement la roue R (fig. 30). Le frottement con-

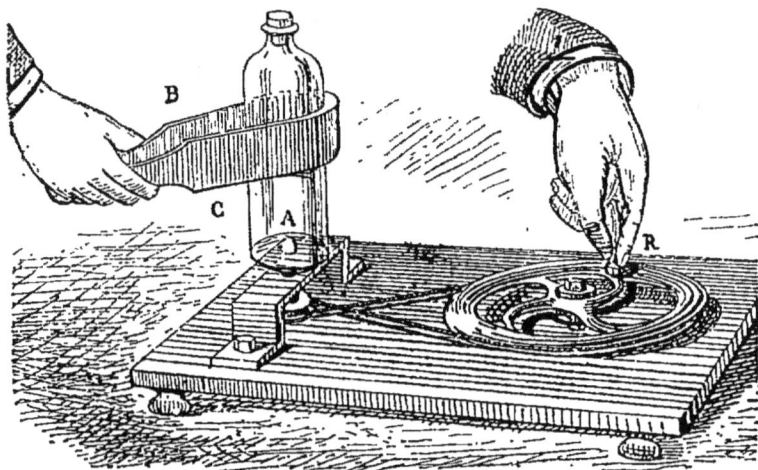

Fig. 30.

tinu des plaques de bois contre la bouteille produira une chaleur telle qu'au bout de quelques
minutes le vin bouillira et le bouchon sera pro-
jeté hors du goulot. — Vous n'aurez alors qu'à
servir votre vin chaud.

CHAPITRE III

Un carillon interrompu.

On sait que le son ne se propage pas dans le vide. En se fondant sur ce fait, on peut, si l'on a

Fig. 31.

à sa disposition une machine pneumatique, amuser quelques instants un auditoire.

Si l'on place, par exemple, sous le récipient de la machine un carillon ou une cloche, les sons produits deviendront d'autant plus faibles que l'air sera plus raréfié; quand l'épuisement sera à peu près complet, les sons seront imperceptibles.

La cuiller-tonnerre.

Attachez une cuiller d'argent ou de ruolz à un fil et priez un spectateur d'enfoncer les extrémités de ce fil dans ses oreilles et de les y maintenir. Donnez ensuite avec un morceau de bois des coups très légers sur la cuiller ; la transmission du son sera si intense que le spectateur entendra un bruit comparable à celui que fait la bourdon d'une cathédrale (fig. 31).

Le mégaphone.

Avec cet appareil, dû à Édison, deux personnes peuvent se parler et s'entendre à 3 kilomètres de distance.

Le mégaphone se compose de deux cornets acoustiques en carton dans lesquels le son pénètre et arrive jusqu'à l'oreille par deux tubes. Un porte-voix permet de faire les réponses.

Il va sans dire que la personne avec laquelle on correspond doit être pourvue d'un appareil semblable à celui qui vient d'être décrit.

Le concert des verres.

Tout le monde sait qu'au choc d'un objet quelconque un verre rend un son d'autant plus

aigu qu'il contient plus d'eau. Il est donc facile
d'accorder des verres avec un piano en mettant
dans chacun d'eux plus ou moins d'eau, et de se
procurer ainsi un instrument de musique sur lequel on pourra jouer toutes sortes d'airs. L'exécu-
tant n'aura qu'à frapper successivement les verres avec une baguette dans l'ordre voulu et en
observant la mesure ; avec un peu de pratique, il
pourra même jouer des duos en se servant de

Fig. 32.

deux baguettes qu'il tiendra, l'une de la main
droite, l'autre de la main gauche (fig. 32).

Pour s'éviter la peine et la perte de temps que
nécessite l'opération de l'accordage, certains fai-
seurs de tours se servent de verres percés chacun
d'un petit trou à des hauteurs différentes, de
telle manière que, lorsqu'on les remplit jusqu'au
bord, l'eau s'écoule par ces trous jusqu'à ce
qu'il en reste juste assez pour donner au verre le
ton nécessaire. Par ce moyen, l'instrument s'ac-
corde de lui-même en un instant.

La voix mystérieuse.

Un coffre MN, en verre, est suspendu au plafond P d'une chambre; sa face antérieure est percée d'une ouverture par laquelle sort un porte-voix (fig. 33). On invite une personne à adresser dans le porte-voix des questions au coffre, en lui promettant que le coffre répondra. Il va sans dire

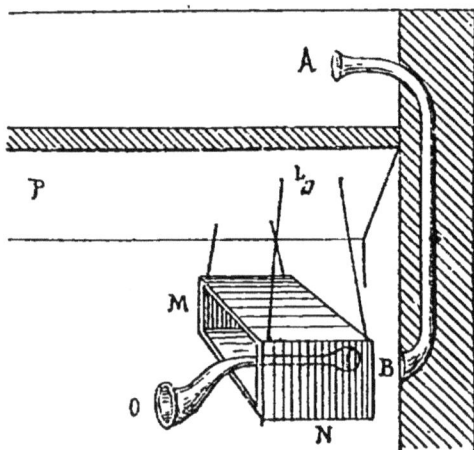

Fig. 33.

qu'avant de procéder à l'expérience, il convient de faire remarquer que le coffre est parfaitement vide, ce dont il est facile de s'assurer grâce à la transparence du verre.

Voici maintenant le moyen de réussir ce tour, dont l'effet est considérable. Au-dessus du plafond P est ménagée une petite chambre, dans laquelle se tient un compère. Il entend les questions qui sont demandées en O, dans le porte-voix du coffre; et, pour le cas où une de ces questions exigerait qu'il vît ce qui se passe dans la chambre située au-dessous de lui, une toute petite ouverture est ménagée en L dans le plafond P. Le compère répond en A, dans un porte-voix qui descend dans l'intérieur du mur et aboutit en B en face du porte-voix du coffre. Ses réponses pénètrent dans le porte-voix du coffre et arrivent en O assez nettes pour que l'interrogateur les entende et les comprenne.

Pour que cette expérience réussisse parfaitement, il faut que le coffre MN ne soit pas à plus de 20 centimètres du mur et que ce mur soit creusé devant l'orifice B du porte-voix AB. Ce creux sera caché par la tapisserie, que l'on aura eu soin de percer de plusieurs trous imperceptibles.

CHAPITRE IV

Faire sept francs avec une pièce de deux francs.

Déposez une pièce de deux francs dans un verre à moitié rempli d'eau, couvrez-le avec une assiette, posez la main gauche sur cette assiette et retournez vivement le verre avec la main

Fig. 34.

droite de manière qu'il ne s'échappe que quelques gouttes d'eau. — La pièce de deux francs apparaît alors grande comme une pièce de cinq francs et l'on voit au-dessus une seconde pièce de deux francs de grandeur naturelle (fig. 34).

Un microscope peu coûteux.

Pratiquez un très petit trou bien rond dans
une lame métallique et laissez tomber doucement dans ce trou une goutte d'eau limpide qui
s'y logera et le bouchera sans s'écouler. Les objets que vous regarderez à travers cette lentille

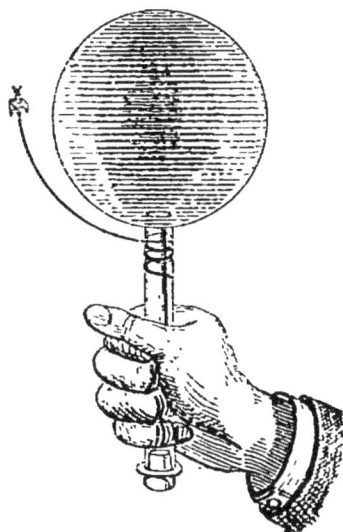

Fig. 35.

artificielle paraîtront considérablement agrandis.

Un ballon de verre constitue également un ex-
cellent microscope. On le remplit d'eau distillée,
on le ferme avec un bouchon, et l'on enroule
autour de son col un fil de fer qui servira de
support à l'objet que l'on veut examiner. Il faut,
bien entendu, regarder cet objet à travers le
corps du ballon (fig. 35).

3.

La chambre noire.

Bouchez hermétiquement la fenêtre d'une chambre avec un châssis opaque dans lequel vous pratiquerez une ouverture où s'adaptera un prisme triangulaire . Si vous présentez à ce prisme une feuille de carton blanc, les objets du dehors viendront s'y dessiner avec leur forme et leur couleur. Ce sera un tableau minuscule aussi vivant que la réalité qu'il reproduit.

Cette chambre noire offre le phénomène de la vision naturelle; ce qui s'y passe est identique à ce qui se passe dans l'œil. Le châssis qui bouche la fenêtre joue le rôle de l'iris, l'ouverture celui de la pupille, le prisme celui du cristallin, et le carton blanc celui de la rétine.

On peut décalquer sur le carton les objets qui y sont reproduits et obtenir ainsi une représentation absolument exacte des objets extérieurs.

Un arc-en-ciel improvisé.

Quand le temps est beau, il suffit de remplir d'eau une terrine, de tourner le dos au soleil et de jeter l'eau en l'air pour produire un très bel arc-en-ciel. — On réussit également avec une lance d'arrosage.

Ce phénomène s'explique aisément : l'eau décompose les rayons solaires à la façon d'un prisme et les sept couleurs apparaissent.

Les disques straboscopiques

Le disque straboscopique, inventé par Stramp-
fer, est un disque de carton de 25 centimètres
de diamètre sur lequel sont disposés, en nombre
pouvant varier de 8 à 12, des cercles équidis-
tants et égaux, présentant les phases successives

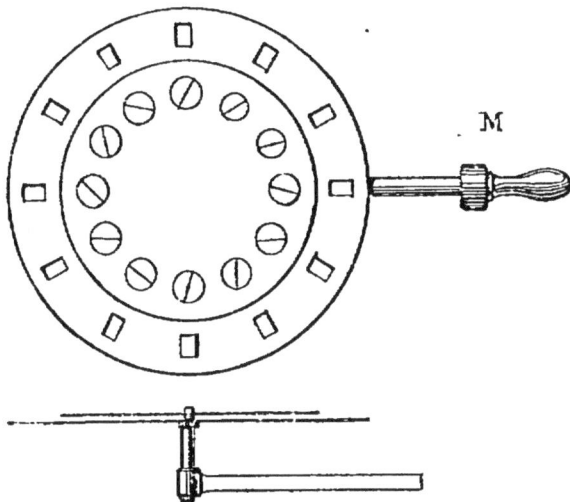

Fig. 36.

d'un mouvement périodique quelconque. Ce disque est appliqué sur un cercle opaque d'un diamètre un peu plus grand et dont le bord est
percé d'autant de trous qu'il y a de figures dans
le disque. Les deux surfaces sont fixées par leurs
centres sur un petit arc en fer supporté lui-
même par un manche M (fig. 36).

Pour se servir de cet appareil, on se place
devant une glace vers laquelle on tourne le dis-

que avec les figures et l'on place l'œil de manière à voir l'image des figures à travers l'un
des trous du cercle.

Dès que l'appareil tourne, les figures, vues
dans la glace, paraissent exécuter sur place les
mouvements dont elles représentent les différentes positions.

Le thaumatrope.

Le thaumatrope est un disque de carton que

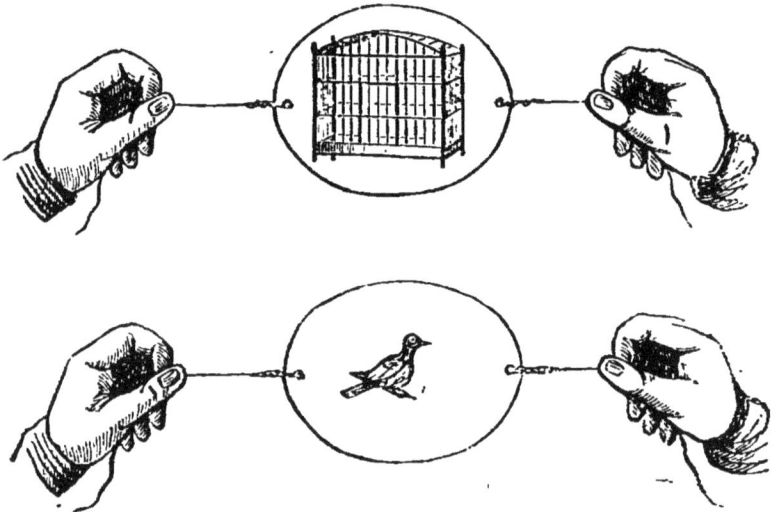

Fig. 37.

l'on met en rotation avec les doigts autour d'un
axe formé par deux cordelettes et qui produit
une curieuse illusion d'optique en vertu de la
persistance des impressions sur la rétine. On des-
sine sur l'une des faces du disque une cage, et
sur l'autre un oiseau (fig. 37). Quand on fait

tourner l'instrument, on ne voit plus qu'une seule image : l'oiseau dans sa cage.

Le praxinoscope.

Dans cet appareil, inventé par M. Reynaud, la substitution d'un dessin au dessin suivant se fait sans interruption dans la vision, de sorte que l'œil voit d'une manière continue une image qui cependant change incessamment devant lui.

« Après avoir cherché sans succès, par des moyens mécaniques, à substituer l'un à l'autre les dessins successifs sans interrompre la continuité de la vision, M. Reynaud eut l'idée de produire cette substitution, non plus sur les dessins eux-mêmes, mais sur leurs images virtuelles. C'est alors qu'il construisit un appareil consistant en une boîte polygonale, ou plus simplement circulaire, au centre de laquelle est placé un prisme d'un diamètre exactement moitié moindre, et dont les faces sont garnies de miroirs plans (glaces étamées ordinaires). Une bande de carton, portant une série de dessins d'un même sujet dans les différentes phases d'une action, est placée à l'intérieur du rebord circulaire de la boîte, de telle sorte que chaque pose corresponde à une face du prisme de glaces.

« Une rotation modérée, imprimée à l'appareil qui est monté sur un pivot central, suffit à produire la substitution des images et l'illusion animée a lieu au centre du prisme de glaces, avec un éclat, une netteté et une douceur de mouvements remarquables (fig. 38).

« Le soir, une lampe placée sur un support *ad hoc*, au centre de l'appareil, suffit à éclairer

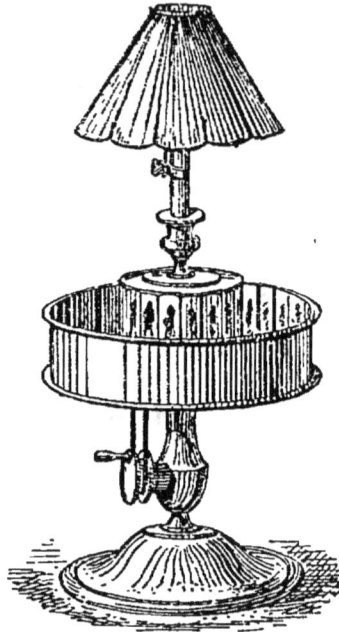

Fig. 38.

très vivement, et permet à un grand nombre de personnes assemblées en cercle autour de l'instrument d'être, en même temps et sans la moindre gène, témoins des effets qu'il produit (1). »

Le kaléidoscope.

Le kaléidoscope (fig. 39) est un appareil cons-

(1) Gaston Tissandier, *Récréations scientifiques.*

truit de manière à tirer d'un assemblage confus
de petits objets irréguliers de diverses couleurs
des images symétriques, remplissant autour d'un
point les quatre angles droits d'un tableau, et
présentant par conséquent un ensemble régu-
lier, agréable à la vue et variable à volonté. Il

Fig. 39.

se compose de deux miroirs plans formant un
angle de 45 degrés ou de trois miroirs inclinés
de 60 degrés, renfermés dans un tube en carton,
fermé à ses deux extrémités par deux disques
de verre, dont l'un sert d'oculaire, tandis que
l'autre, dépoli, supporte, sans les soustraire à la
lumière diffuse ambiante, les objets dont les
images multiples doivent former le spectacle.

La mégalographie.

Découpez à jour toutes les parties blanches d'un

dessin tracé sur un carton (fig. 40), et ne laissez
que les parties ombrées. Si vous placez le carton

Fig. 40.

découpé entre la lumière d'une lampe et un
mur, le dessin de ce carton se reproduira sur le
mur, qui fera fonction d'écran.

Les ombres chinoises.

Les ombres chinoises ne sont pas autre chose
qu'une mégalographie. Tout le monde s'est amusé
à produire de ces ombres en plaçant ses mains,
disposées de façon particulière, entre une lampe
et un mur.

On trouve chez les marchands de jouets des
théâtres enfantins d'ombres chinoises, et des col-
lections de silhouettes de carton, représentant
les décors et les acteurs dessinés en noir et dé-
coupés. On vend même des acteurs articulés que
l'on fait mouvoir au moyen de fils de fer.

Pour installer soi-même un théâtre d'ombres

chinoises, on fixe sur un cadre léger un papier transparent ou une gaze portant le dessin du décor. C'est derrière ce cadre que l'opérateur fera mouvoir les figures, en faisant habilement concorder les paroles qu'il prononce et les gestes qu'il imprime à ses acteurs.

La lumière est envoyée par des lampes à réflexion, placées à 4^m,50 environ de l'appareil. Une draperie fixée au-dessous du cadre masque les mouvements de l'opérateur.

Les ombres chinoises, un peu négligées aujourd'hui, ont eu, il y a quelque trente ans, une vogue énorme. Qui n'a entendu parler du théâtre Séraphin, maintenant démoli, où les enfants assistaient jadis à des comédies et à des vaudevilles joués par des ombres chinoises? Mais actuellement il n'y a plus d'enfants, et l'on a oublié le *Pont coupé*.

Le stéréoscope.

Quand nous regardons un objet avec nos deux yeux, nous le voyons saillant, solide et en relief; la sensation de ce relief est due à la superposition des deux images planes et dissemblables qui se forment sur la rétine de chacun de nos yeux.

Une expérience très simple met ce principe en évidence : devant les deux yeux, placez votre main droite dans la position verticale, de manière que le pouce et l'index soient seuls visibles.

Fermez l'œil droit et ouvrez l'œil gauche, vous apercevrez la face antérieure de la main. Fermez maintenant l'œil gauche et ouvrez l'œil droit, l'image sera totalement changée ; ce n'est plus la face antérieure de la main que vous verrez, ce sera la face interne. Ouvrez les deux yeux, et vous ne verrez plus qu'une seule image

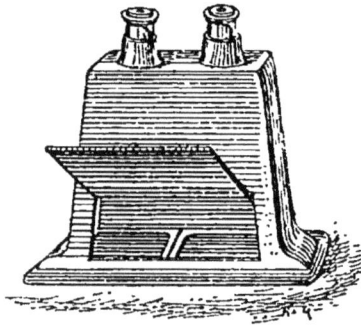

Fig. 41.

qui représente une partie des deux faces antérieure et postérieure de votre main.

Si aux deux images distinctes que tout objet envoie à nos deux yeux nous substituons deux dessins qui soient la représentation de chacune de ces images, nous nous placerons dans les conditions de la vision naturelle, et nous aurons, non seulement la sensation du relief, mais encore celle de la couleur, de la dégradation des teintes, — en un mot, la même sensation que si nous avions la nature elle-même devant les yeux.

C'est ce que fait le stéréoscope.

Il existe plusieurs sortes de stéréoscopes ; le

plus simple et le plus usité est celui de Brewster
(fig. 41). Il se compose d'une boîte de substance
opaque, ayant à peu près 10 centimètres de lar-
geur à sa partie inférieure sur 13 centimètres de
hauteur. Il porte à sa partie supérieure deux
tuyaux de lorgnette par lesquels on regarde
l'objet. Dans chacun de ces tuyaux est placé un
prisme produisant la réfraction de l'une des deux
images. Sur le devant est une porte garnie de papier d'étain, qui sert à refléter la lumière sur les
images, que l'on place en regard des prismes et
que l'on introduit par une fente située à la partie
latérale. Pour que l'observateur puisse voir sans
fatigue l'effet stéréoscopique produit par la com-
binaison des deux images, on a placé au milieu
de la boîte une cloison qui les isole.

La lanterne magique.

La lanterne magique est, comme chacun sait,
un appareil qui permet d'obtenir sur un écran
blanc, dans une chambre obscure, des images
amplifiées d'objets dessinés et peints sur des
lames de verre transparentes.

Ce fut un érudit allemand, Athanase Kircher,
qui l'inventa au milieu du xviiᵉ siècle ; dès son
apparition, les organisateurs de spectacles s'en
emparèrent pour amuser le public ; puis elle
courut les foires et les machinistes de théâtres en
perfectionnèrent les effets.

Au lieu de fixer l'appareil, on l'écarta et on le

rapprocha de l'écran, silencieusement et à l'insu des spectateurs, de telle sorte que les dimensions des images s'amplifiaient ou se réduisaient, et que les objets semblaient avancer ou reculer.

Puis on imagina des artifices mécaniques grâce auxquels on put produire d'apparentes métamorphoses. On simula les éclairs avec un peu de poudre projetée sur un réchaud ; on dirigea successivement sur le même écran, au moyen d'une double lanterne, des images représentant des aspects différents d'un même tableau, de manière à exécuter des changements à vue, tels que le passage de l'été à l'hiver, les effets de tremblement de terre, les éboulements, les incendies, etc.

La lanterne magique ordinaire (fig. 42) se compose d'une boîte de fer-blanc s'ouvrant sur le côté et dans laquelle on place une lampe munie de son réservoir à huile et de son verre. A la partie supérieure de la boîte est une cheminée par laquelle s'échappent les gaz provenant de la combustion de l'huile. Derrière la lampe est accroché un réflecteur parabolique *oc*, aussi poli que possible, qui renvoie les rayons dans la direction de la paroi de la boîte opposée à celle qui soutient la lampe. Au milieu de cette face, le faisceau lumineux ainsi formé rencontre une forte lentille l, qui le fait converger. Sur le trajet de ces rayons, en *gg*, se glisse, par une coulisse latérale ménagée dans le tube qui contient l'appareil optique, le verre portant les images ; ces images sont amplifiées par une lentille biconcave B et vont apparaître sur l'écran RT.

Le croisement des rayons lumineux, par suite

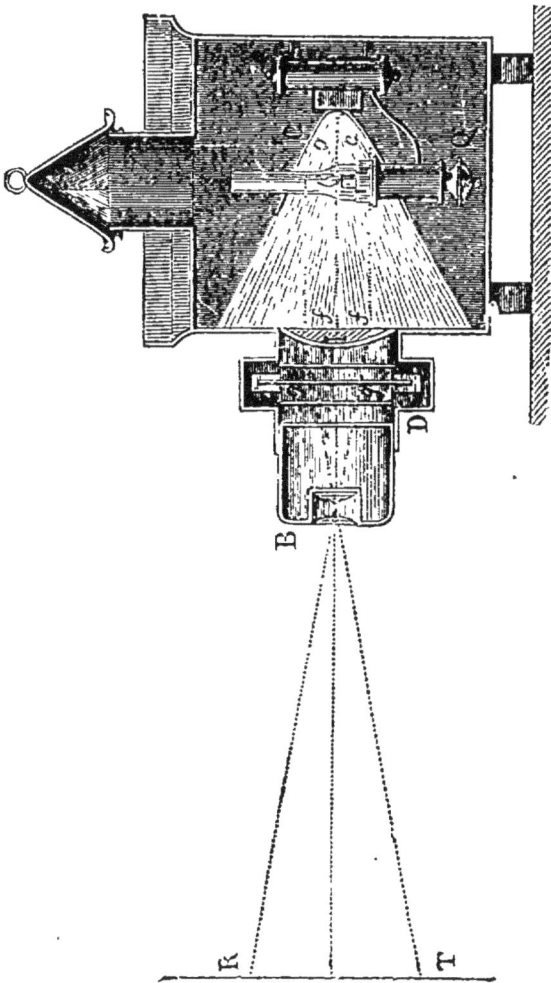

Fig. 42.

de leur passage à travers les lentilles, renverse les images ; pour qu'elles apparaissent droites sur l'écran, il suffit de renverser la lame de verre sur laquelle sont peints les objets.

Plus l'écran sur lequel apparaissent les images est éloigné de l'appareil, plus ces images sont grandes, parce que les rayons lumineux qui s'échappent de la seconde lentille vont toujours en s'écartant. Mais plus les images sont grandes et malheureusement moins elles sont nettes et éclairées. On doit donc adopter une distance convenable et placer le tube de telle façon que les images projetées sur l'écran soient à la fois grandes et suffisamment nettes.

Il faut que la chambre qui sert de salle de spectacle soit parfaitement obscure; il ne doit y avoir d'autre lumière que celle qui se trouve dans la lanterne.

Les choses étant ainsi disposées et les spectateurs placés en face de l'écran, l'acteur chargé de manier les verres les fait passer et repasser l'un après l'autre dans la coulisse de la boîte, en n'oubliant pas de les présenter renversés, c'est-à-dire les têtes des figures en bas, et en même temps il explique le sujet et cherche à amuser les spectateurs par ses discours.

Une lanterne magique de moyenne grandeur, avec un assortiment de verres peints, coûte de dix à douze francs. Les verres peints, achetés à part, coûtent trois francs la douzaine.

Il y a quelques années, on a inventé une lanterne magique d'une forme spéciale, à laquelle on a donné le nom de *lampascope* (fig. 43). C'est un appareil dont l'éclairage est beaucoup plus

puissant que la veilleuse fumante des lanternes
magiques ordinaires, grâce à une boule de verre
opaque qui devient elle-même la boîte de l'ins-

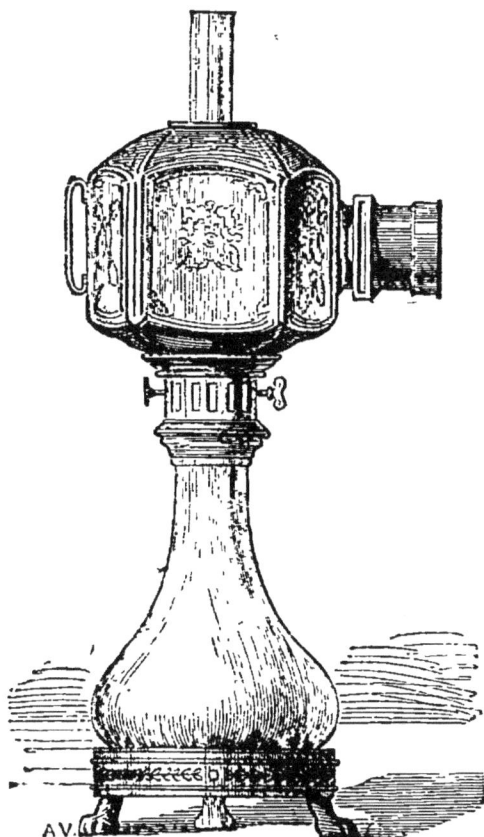

Fig. 43.

trument. On introduit les vues peintes par une
fente.

Plus la source lumineuse est vive, et plus, évidemment, les effets obtenus sont satisfaisants.
C'est pourquoi, dès que la lumière électrique fut

inventée, on eut l'idée de l'employer pour éclairer la lanterne magique. Elle y produit de très beaux résultats.

Ces lanternes perfectionnées sont aujourd'hui fréquemment employées dans les écoles et dans les conférences du soir. On projette les images agrandies sur l'envers d'un tableau translucide formé d'une surface de calicot ou de soie vernie, et elles apparaissent lumineuses au public qui est placé de l'autre côté de ce diaphragme. L'appareil a reçu le nom scientifique de *microscope photo-électrique.*

Si la lumière électrique est sans contredit la plus brillante et la plus intense que nous possédons, elle est d'un prix relativement élevé et sa production nécessite l'emploi de piles encombrantes. Aussi la remplace-t-on fréquemment par le gaz, que l'on peut facilement se procurer partout à peu de frais.

On emploie aussi beaucoup la lumière oxhydrique; on l'obtient en faisant arriver de l'oxygène et du gaz de l'éclairage sur un crayon de chaux vive, qui entre aussitôt en incandescence et donne une lumière blanche d'une très vive intensité. M. Molteni a installé, avec ce système, des lanternes magiques qui rendent les plus grands services aux professeurs; il en a également fourni à maint théâtre d'enfants, où le lecteur a pu en admirer les effets.

Le palais magique.

Ce palais repose sur une surface hexagonale régulière ABCDEF. On trace sur cette surface les six rayons OA, OB, OC, OD, OE, OF, et sur chacun d'eux on fixe verticalement deux miroirs plans très minces. On forme ainsi six cellules égales ayant pour base un triangle équilatéral. Aux points ABCDEF on dresse des colonnettes

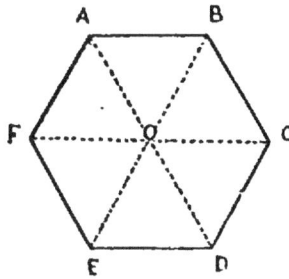

Fig. 44.

qui décoreront le palais et soutiendront les miroirs, et on couvre l'édifice d'un toit enjolivé et ornementé (fig. 44).

Chacune des six cellules sera ornée de figurines en émail, en bois ou en métal, représentant en relief des sujets qui seront répétés dans les glaces. Au fond de chaque cellule, c'est-à-dire aux angles de jonction de miroirs, on fera bien de déposer quelque attribut du groupe principal.

Les choses étant ainsi aménagées ; si l'on regarde dans l'une des six cellules, on verra chaque sujet répété six fois et cette multiplicité d'images produira un charmant effet.

Une partie de fortifications, avec deux demi-bastions, — par exemple, — donnera dans le palais une citadelle entière flanquée de six bastions, et qu'il sera facile, avec quelques accessoires, de garnir de canons et peupler de soldats. Une galerie de musée ou une salle de bal avec lustres et candélabres fourniront aussi une fort belle illusion.

Il convient d'ajouter que la scène change six fois d'aspect ; chaque cellule représente, en effet, une composition différente.

La lunette brisée.

Cette curieuse lunette est d'une construction très simple.

Formez avec du carton un tuyau carré et coudé à ses deux extrémités, fermé de toutes parts et muni à l'intérieur de quatre petits miroirs IIIKL, disposés, comme l'indique la figure 45, à 45 degrés ; la face polie des miroirs I et K sera tournée *en haut* et celle des miroirs II et L sera tournée *en bas*. A chaque extrémité de la boîte, et dans la partie verticale, pratiquez deux ouvertures circulaires en regard l'une de l'autre et introduisez dans ces ouvertures des tubes·cylindriques AC, DB ; faites, en outre, pénétrer dans les tubes C et D deux autres tubes mobiles E et F, se tirant à volonté de manière à pouvoir être

amenés à se toucher, et fermés chacun par un
disque de verre ordinaire. Fixez à l'extrémité
du tube B un verre convexe, et dans le tube A
introduisez un tube G, mobile et muni d'un
verre concave.

Si l'on regarde dans le tube G un objet situé en
face en O, les rayons de lumière émanant de cet
objet arrivent à l'œil et viennent y peindre l'objet
lui-même en suivant la ligne ponctuée dans la
figure ; ils sont, en effet, réfléchis en L par le premier miroir qu'ils rencontrent, viennent frapper

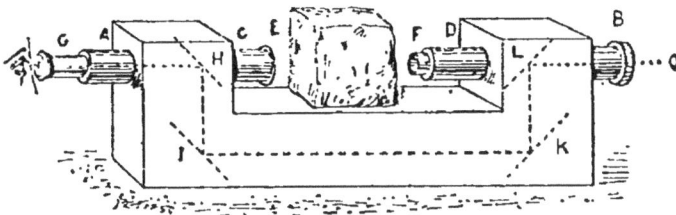

Fig. 45.

le second miroir au point K, le troisième en I, le
quatrième en H, et arrivent enfin dans le tube A.
L'image est, d'ailleurs, la même, évidemment,
que s'ils venaient directement de l'objet d'où ils
émanent.

Lorsqu'on veut faire usage de la lunette brisée,
on rapproche les deux tubes E F, qui ne sont là
que pour donner le change ; on braque l'objectif
sur un objet quelconque, et on montre à un spectateur qu'il aperçoit très distinctement cet objet.
Puis on éloigne les deux tubes, on prie le spectateur de mettre entre eux une feuille de papier

ou un livre, une pierre, — sa main, s'il le pré-
fère, — et on l'invite à regarder de nouveau.
Malgré l'interposition d'un corps opaque, il con-
tinuera à voir l'objet, ce qui lui paraîtra inexpli-
cable, s'il ne connaît pas la construction et le
fonctionnement de l'appareil.

Amphitrite.

Cette expérience est d'un effet considérable ;
mais elle nécessite des préparatifs spéciaux.

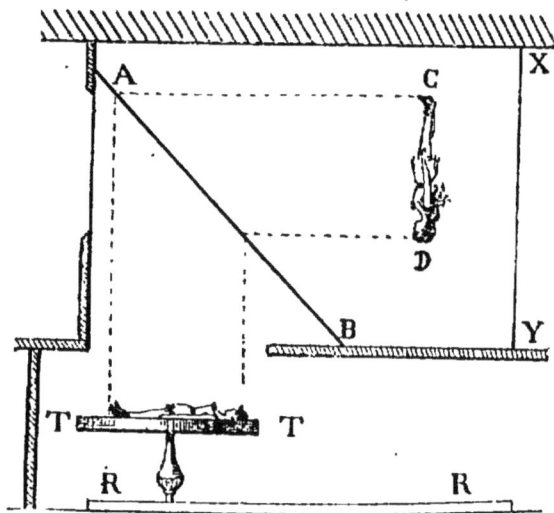

Fig. 46.

On dispose sur une petite scène de théâtre une
glace sans tain AB inclinée à 45 degrés, et, au-
dessous de cette scène, une table horizontale noire
TT, mobile autour de son support et dont le pied
peut glisser sur un rail RR (fig. 46).

D'après les propriétés des miroirs plans, si on couche une personne vêtue de couleurs claires sur la table, l'image de cette personne apparaîtra, verticale, et redressée, en CD, devant une toile de fond XY.

C'est la personne couchée sur la table qui joue le rôle d'Amphitrite. Chacune des évolutions qu'elle exécutera sur la table apparaîtra sur la scène ; et si, pendant ces évolutions, on fait tourner la table autour de son axe, l'image tournera également. Pour qu'Amphitrite apparaisse ou disparaisse, il suffit évidemment d'amener la table devant la glace ou de la retirer en arrière, en la faisant glisser sur le rail RR.

Pour que cette expérience ait tout l'attrait qu'elle comporte et que l'image d'Amphitrite ait toute la netteté désirable, il faut :

1° Que la table et le fond de la scène soient absolument noirs ;

2° Que le costume d'Amphitrite soit de couleurs très claires, et, autant que possible, parsemé de paillettes métalliques ;

3° Qu'Amphitrite soit éclairée par une forte lumière électrique.

On pourra peindre sur la toile de fond XY un décor représentant des nuages, avec la mer au-dessous. De cette façon, Amphitrite semblera planer dans l'espace, au-dessus des eaux.

Par précaution, il sera bon de tendre en avant de la scène un rideau de mousseline, destiné à arrêter les projectiles que de mauvais plaisants

4.

pourraient jeter à Amphitrite; ces projectiles, s'ils n'étaient pas retenus ainsi, iraient frapper contre la glace AB et le choc expliquerait partiellement le mystère.

Le décapité parlant.

L'expérience du décapité parlant est une des

Fig. 47.

plus curieuses applications des miroirs à la physique amusante.

Tout le monde a vu cette expérience, qui a été répétée sur tous les théâtres de magie et dans toutes les foires. Le spectateur arrive à l'entrée d'une petite salle où il ne pénètre pas et où il voit une table à trois pieds. Au-dessus de cette table est une tête humaine, posée sur un drap ensanglanté au milieu d'un plateau. Cette tête remue et parle, répond aux questions qu'on lui pose.

Le corps de l'homme qui joue le rôle du décapité est tout simplement assis sous la table (fig. 47); mais il est dissimulé par deux glaces étamées posées à 45 degrés par rapport aux murs latéraux, de telle sorte que, l'image de ces murs coïncidant avec la partie visible du mur du fond de la salle, badigeonné de la même couleur, on croit voir le vide sous la table.

Une balustrade tient le public à distance et une lumière blafarde rend l'illusion plus complète.

CHAPITRE V

Le papier électrique.

Prenez une feuille de papier blanc, exposez-la au feu jusqu'à ce qu'elle soit bien chauffée et posez-la sur une table vernie : puis frottez cette feuille avec la paume de la main, toujours dans le même sens.

Quand on voudra enlever la feuille de papier de sur la table, on éprouvera une résistance très sensible et il semblera que la feuille est collée au bois ; si on l'applique contre une muraille, elle s'y fixera. Si l'on répand sur la table des objets très légers, pains à cacheter, brins de paille, bribes de duvet, etc., ces objets, attirés par la feuille électrisée, se mettront à sauter.

Si vous faites l'obscurité dans la chambre où a lieu l'expérience, et si vous passez devant la feuille de papier un objet métallique pointu, une lueur phosphorescente parcourra le papier.

La danse du son.

Si vous frottez un morceau de verre avec du drap et si vous posez ce morceau de verre sur deux livres, une poignée de son, placée au-dessous, exécutera une danse fort récréative.

La pipe valseuse.

Posez une pipe de terre sur une montre (côté du verre) de manière qu'elle reste en équilibre ; puis frottez vivement un verre avec de la laine

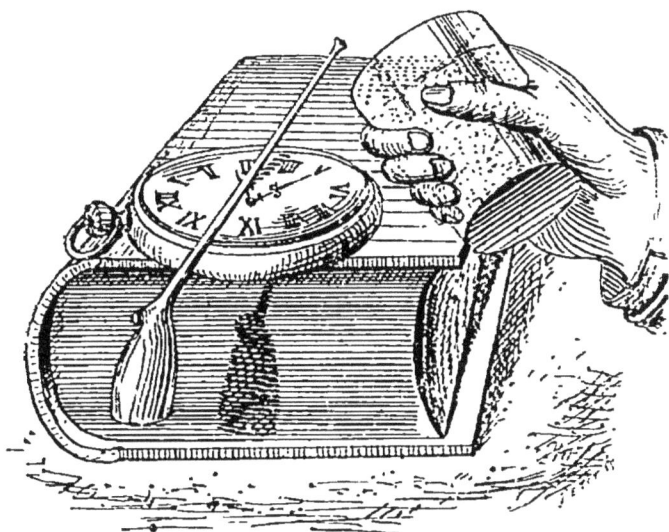

Fig. 48.

chauffée. Si vous approchez ce verre de l'extrémité du tuyau de la pipe, celle-ci sera attirée et vous pourrez la faire tourner sur la montre comme sur un pivot (fig. 48).

Un éclair dans la bouche.

Introduisez une pièce d'argent entre la gencive et la lèvre supérieures et un disque de zinc en-

tre la gencive et la lèvre inférieures. Au contact
des deux métaux, qui formeront un élément d'une
pile, vous éprouverez une légère commotion, et,
dans l'obscurité, vous verrez une petite étincelle
passer devant vos yeux.

L'araignée électrique.

Dans le bocal d'une bouteille de Leyde intro-

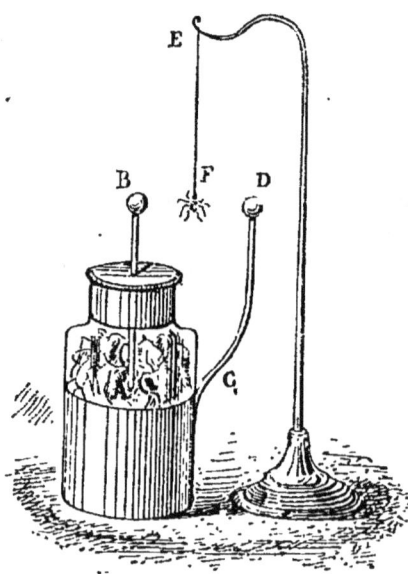

Fig. 49.

duisez une tige de laiton AB, terminée à sa partie
supérieure par une boule de cuivre; puis fixez sur
la paroi du bocal une seconde tige de laiton CD,
coudée, communiquant avec l'armature extérieure, et terminée, comme la première, par une
boule de cuivre à sa partie supérieure (fig. 49).

Entre les deux boules B et D, qui devront être
sur un même plan horizontal, faites arriver un
petit morceau de liège F, taillé en forme d'araignée et suspendu à l'extrémité d'un fil de soie EF.

Si vous chargez alors la bouteille, l'araignée
sera alternativement attirée et repoussée par les
deux boules chargées d'électricités différentes,
jusqu'à ce que le fluide accumulé dans le bocal
soit épuisé ; et les pattes, ébranlées par ce mouvement de va-et-vient, remueront de manière à
donner au morceau de liège l'apparence d'une
véritable araignée.

*N.B. — Pour les détails relatifs à la bouteille
de Leyde, voir un traité de physique.*

Le petit chasseur.

Sur une plaque de verre, garnie d'une feuille

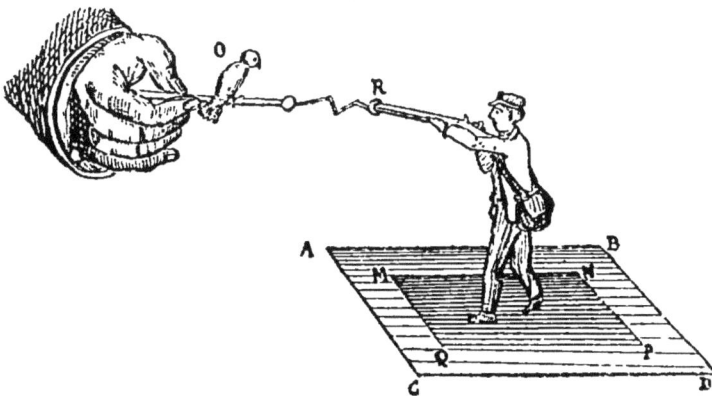

Fig. 50.

de métal MNPQ, fixez un petit chasseur en bois ou

en carton, et faites passer dans l'une des jambes de ce chasseur un fil de fer qui arrivera jusqu'à l'extrémité R du fusil qu'il tient en joue (fig. 50).

D'autre part, fixez à l'extrémité d'un fil de fer un petit oiseau en métal O.

Si, la plaque de verre ABCD étant électrisée, vous présentez l'oiseau O à l'extrémité R du fusil du chasseur, la décharge électrique aura lieu et il semblera que le chasseur a tiré.

L'étincelle sera d'autant plus vive que la plaque sera plus grande et la charge électrique plus forte.

La maisonnette incendiée.

Construisez avec du fer-blanc une maisonnette dont les fenêtres seront découpées à jour et dont

Fig. 51.

le toit pourra s'enlever (fig. 51). Faites passer à travers ce toit un tube de verre renfermant un fil de cuivre AB, terminé à son extrémité inférieure par une boule et à son extrémité supérieure par

un crochet. A l'intérieur de la maisonnette fixez
un second fil de cuivre CD, également enfermé
dans un tube de verre et portant à son extrémité
supérieure une boule C rapprochée de la boule A.
Entre ces deux dernières boules, mettez de l'é-
toupe saupoudrée de résine.

Les choses étant ainsi disposées, faites commu-
niquer la paroi de la maisonnette avec l'armature
extérieure d'une batterie électrique et chargez le
crochet B. L'étincelle qui jaillira entre les deux
boules AC mettra le feu à l'étoupe et à travers les
ouvertures des fenêtres l'intérieur du petit édifice apparaîtra en feu.

L'électrophore Peiffer.

Cet appareil, qui nous est venu d'Amérique,
a fait son apparition en France à la fin de
l'année 1879. Il consiste en une plaque d'ébo-
nite de 1 millimètre d'épaisseur, sur laquelle est
collée une feuille d'étain.

L'électrophore Peiffer produit l'électricité avec
la plus extrême facilité. Il suffit de .º poser à
plat sur une table de bois et de le frotter successivement sur les deux faces avec la paume de
la main, pour que, en le tenant ensuite de la
main gauche et en approchant la main droite
de la feuille d'étain, on en tire des étincelles de
2 centimètres de longueur.

L'appareil est complété par une série de pan-
tins de sureau qui permettent de manifester

5

d'une façon très amusante les phénomènes d'attraction et de répulsion électriques. On électrise
le plateau, on place sur la feuille d'étain les
bonshommes en sureau, et on soulève l'électrophore pour l'isoler. Aussitôt les personnages
exécutent toutes sortes de danses et de contor-
sions : l'un d'eux lève les bras au ciel ; les cheveux de soie d'un autre se hérissent ; un troisième, plus léger que ses camarades, fait un bond
dans l'espace ; etc., etc. Voilà de quoi divertir un
moment les enfants, petits et grands.

Les bijoux électriques.

Ces bijoux, dont l'invention est due à M. Trouvé,
produisent, au bal et sur les scènes de théâtre,
de merveilleux effets.

Ces bijoux représentent, en général, des ani-
maux dont la tête, les ailes ou les pattes sont
mobiles. Ils communiquent, au moyen d'un fil
conducteur invisible, avec une pile microsco-
pique que l'on cache dans un pli du vêtement. Il
suffit, pour actionner ces bijoux, d'appuyer le
doigt sur la pile.

C'est ainsi que M. Trouvé a fabriqué un lapin
en or qui exécute, avec deux petites baguettes
qu'il tient entre ses pattes, un roulement sur un
timbre d'or.

Mme de Metternich possède un oiseau en dia-
mants qu'elle porte dans sa chevelure et qu'elle

peut à volonté faire battre des ailes par l'inter-
médiaire d'un fil caché.

Un autre bijou curieux consiste en une tête
de mort en or, avec peinture sur émail, dont
les yeux sont en diamant et dont la mâchoire est
articulée. Quand on fait fonctionner la pile, la
tête roule des yeux étincelants et grince des
dents.

CHAPITRE VI

Une boussole économique.

Cette boussole, dont la description est empruntée au *Magasin pittoresque*, peut être, comme on va le voir, construite par un profane en matière de physique.

On prend un petit bouchon B et l'on passe au tra-

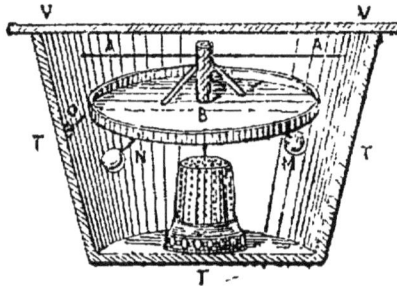

Fig. 52.

vers une aiguille à tricoter ordinaire AA qui aura été préalablement aimantée par frottement au moyen d'un petit aimant en fer à cheval (fig. 52). On implante ensuite dans le bouchon une aiguille à coudre, ou mieux une épingle dont la pointe posera sur l'un des trous couvrant la partie supérieure d'un dé à coudre. Pour assurer l'équilibre de l'aiguille AA, on enfonce dans le bouchon deux allumettes, MN, terminées par des boulettes de cire. Quand l'aiguille et l'épingle sont bien équilibrées, on place l'appareil dans une terrine TTT, qui le préservera de l'influence des agitations de l'air; même, pour plus d'exactitude, on ferme cette terrine avec une plaque de verre VV.

Pour graduer la boussole, on découpe un cercle dans une mince feuille de papier et on trace sur ce cercle des divisions aux extrémités nord de l'aiguille. Il ne reste alors qu'à coller avec un peu de cire une pointe de bois O vis-à-vis de l'extrémité nord de l'aiguille.

La montre docile.

Si vous approchez une montre d'une barre bien aimantée, cette montre s'arrête instantanément; il n'y aura qu'à l'éloigner de la barre pour qu'elle se remette en mouvement.

Avec un peu de dextérité, on pourra donc s'engager à arrêter ou à faire marcher à volonté une montre; le tout sera de dissimuler la barre, soit dans son vêtement, soit derrière une tapisserie, soit sous une table très mince.

Cette expérience, même souvent répétée, ne peut en rien abîmer la montre.

Expérience de palingénésie.

Posez sur un pied M une tablette de bois blanc ABCD d'environ 1 centimètre et demi d'épais-

seûr et dessinez sur cette tablette une carte quelconque (fig. 53), le six de pique, par exemple.
Entaillez votre dessin, remplissez les creux avec
de la cire et garnissez tous les contours en y en-
fonçant de petits fragments d'aiguilles aimantées
séparés les uns des autres; enfin, recouvrez la
tablette d'une feuille de papier bien tendue,
que vous collerez seulement sur les bords.

Cela fait, prenez dans un jeu de cartes un six
de pique, brûlez-le devant votre auditoire et

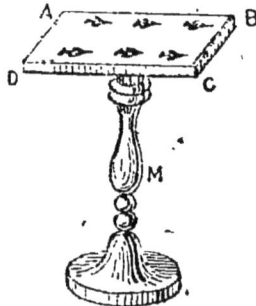

Fig. 53.

enfermez-en les cendres dans une petite boîte
de tôle où vous aurez préalablement mis de la
limaille de fer. Puis mêlez cendres et limaille et
annoncez que vous allez reconstituer la carte
brûlée.

Il vous suffira, pour cela, de passer le mélange de cendre et de limaille à travers un tamis
au-dessus de la tablette ABCD; la limaille de fer
se fixera, par suite de l'attraction magnétique,
sur tous les contours de la carte que cache la
feuille de papier et cette carte apparaîtra, repro-
duite sur le papier par la limaille.

Il va sans dire que l'on peut reconstituer ainsi n'importe quel dessin.

Le jeu des petits clous.

Ce jeu consiste à enlever, avec une clef ou avec un couteau, de petits clous placés sur un papier ou dans une petite boîte.

Pour le réussir, on se sert d'un aimant, que l'on tient sous la table où l'on opère. Si l'aimant est éloigné de l'endroit où sont les clous, il n'aura sur eux aucune action ; mais s'il en est rapproché, il aimantera ces clous, qui seront dès lors facilement enlevés par une clef ou une lame de couteau.

Les frères ennemis.

Procurez-vous deux petits piédestaux ronds et creux, d'environ 8 centimètres de diamètre, dont la partie supérieure soit percée en son centre d'un trou de 5 millimètres de diamètre et puisse s'ouvrir. Dans le fond de chacun de ces piédestaux, placez une lame aimantée ; percez cette lame en son milieu et ajustez-y une petite tige de cuivre qui sortira, par l'ouverture du couvercle, de 3 centimètres environ au-dessus de son piédestal.

D'autre part, taillez dans de la moelle de sureau deux figurines de 12 à 15 centimètres de hauteur et ajustez ces « frères ennemis » sur les fils de cuivre des piédestaux, de telle manière que leur face soit tournée vers le pôle nord de chacune des lames aimantées avec lesquelles elles doivent tourner.

Chaque fois que l'on présentera l'une des figurines à l'autre, les deux pôles nord des aimants se trouveront vis-à-vis l'un de l'autre, et la seconde figurine tournera le dos à la première, devant laquelle elle semblera fuir.

L'énervant.

L'énervant est un plateau de fer-blanc dont le fond est bombé et dont le centre offre une cavité : on met une bille en fer dans le plateau et la question consiste à amener, sans la toucher, la bille dans la cavité du plateau.

Pour arriver à ce résultat, sans employer un truc, il faudrait être un équilibriste de premier ordre, et vous pouvez proposer le problème à votre auditoire avec la certitude que personne ne le résoudra. Quand tout le monde aura vainement essayé son habileté, vous prendrez le plateau entre le pouce et l'index de votre main droite et vous ferez de votre mieux pour l'incliner de telle manière que la bille se rapproche de la cavité; mais, pour éviter qu'elle se montre récalcitrante, vous promènerez sous l'énervant votre main gauche, qui, munie d'un aimant, attirera la bille et vous aidera à la conduire sans difficulté à son nid.

Le puits merveilleux.

Construisez un puits en carton A, de 28 centimètres de hauteur et de 16 centimètres de dia-

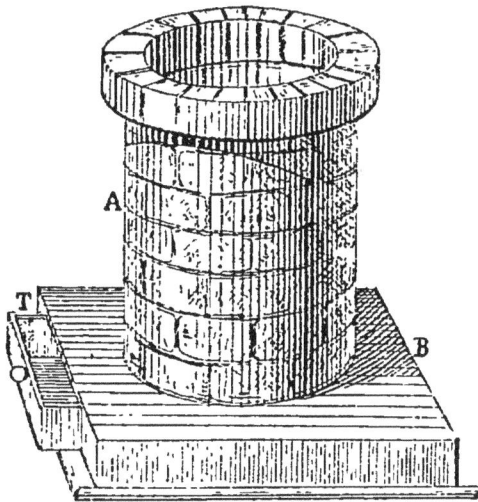

Fig. 54.

mètre, et posez-le sur un socle B dans lequel jouera

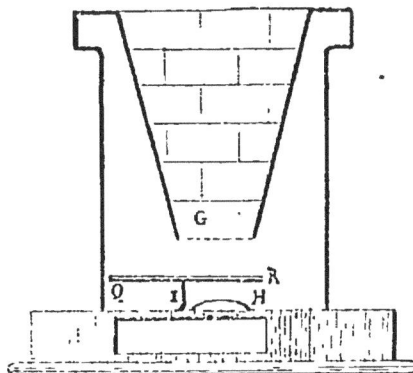

Fig. 55.

un tiroir T (fig. 54). Le puits aura, à l'intérieur,
la forme d'un tronc de cône renversé; son dia-

5.

mètre ne devra être, en G, que de 6 centimètres
environ (fig. 55).

Au-dessus du socle et à 15 millimètres au-dessous du fond du puits, fixez un miroir H assez
convexe pour qu'en s'y regardant par l'ouverture du puits la tête et la partie supérieure du
buste y apparaissent tout entiers.

Au point I du socle, placez, sur un pivot, une
aiguille aimantée QR, tournant sur un disque de
carton de 14 centimètres de diamètre, partagé

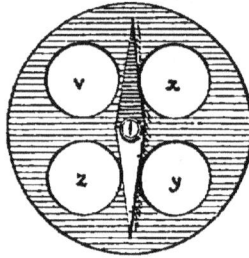

Fig. 56.

en quatre parties dans chacune desquelles vous
aurez tracé un cercle (fig. 56). Le cercle z sera découpé à jour, tandis que vous peindrez dans les
trois autres diverses coiffures, *en laissant la tête
en blanc*. Reproduisez ensuite ces quatre peintures
sur quatre petits tableaux (fig. 57), que vous
puissiez faire entrer dans le tiroir T, *en complé-
tant le dessin et le coloris des traits des personnages*.

Derrière chacun de ces quatre tableaux, vous
dissimulerez un barreau aimanté, ajusté dans la
position indiquée par la figure.

Quand on aura glissé dans le tiroir un des tableaux, le barreau aimanté de ce tableau fera
tourner sur son pivot le disque boussole, de manière à présenter une coiffure pareille à celle
du tableau. Si, alors, se plaçant du côté du tiroir et penchant la tête, quelqu'un regarde au
fond du puits, il y verra son portrait en minia-

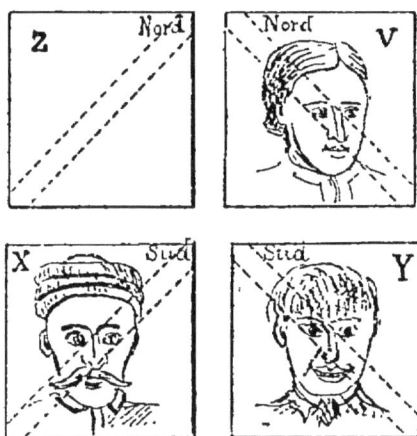

Fig. 57.

ture, avec la coiffure peinte sur la partie du
disque que l'aimant du tableau a fait paraître.

En plaçant dans le tiroir le tableau *z*, qui est
blanc, le cercle vide tracé sur le disque se présentera à l'ouverture et l'on se verra dans le fond
du puits tel que l'on est.

Il est bon de se servir d'abord du tableau *z*.
Quand les spectateurs se sont vus au naturel, on
les coiffe tour à tour.

Pour ajouter à l'agrément de cette expérience
et en diversifier les effets, on pourra se munir

d'un assez grand nombre de tableaux, dont chacun donnera une coiffure différente.

Il va sans dire, d'ailleurs, qu'au lieu de coiffer des têtes, on peut, en se servant du même appareil et en modifiant seulement les dessins dont on charge les tableaux, produire des cadres quelconques à des tableaux quelconques. C'est à l'expérimentateur qu'il appartient de choisir des sujets propres à intéresser et à amuser.

DEUXIÈME PARTIE
CHIMIE

Globes enflammés sortant de l'eau.

Jetez dans un verre d'eau rempli à moitié un morceau de phosphure de calcium ; presque aussitôt de petits globules s'élèveront à la surface de l'eau et s'enflammeront à l'air en produisant une explosion et en lançant des couronnes de fumée blanche.

Écriture lisible dans l'obscurité.

Introduisez un morceau de phosphore solide dans un tube et tracez avec son extrémité des caractères sur une feuille de papier. Si vous transportez cette feuille dans une chambre obscure, les caractères apparaîtront lumineux.

Liqueur qui brille dans les ténèbres.

Coupez un tout petit morceau de phosphore et mettez-le dans un demi-verre d'eau claire que vous ferez bouillir dans un petit vase de terre sur un feu modéré. Prenez ensuite un flacon de

verre bien transparent se fermant avec un bouchon à l'émeri, ouvrez-le et mettez-le dans de
l'eau bouillante; puis, l'ayant retiré, videz-le et
remplissez-le de votre eau phosphorée bouillante.
Bouchez immédiatement le flacon, et, afin que
l'air n'y puisse absolument pas pénétrer, entourez le bouchon de mastic.

Ce flacon brillera dans l'obscurité pendant
plusieurs mois sans qu'il soit nécessaire d'y
toucher. Si on le secoue, on verra, particulière-
ment quand le temps est chaud et sec, des éclairs
très brillants s'élancer de l'eau.

Si l'on entoure le flacon d'un papier découpé,
on pourra former des dessins qui pendant la nuit
apparaîtront lumineux.

Les deux poupées.

Procurez-vous deux petites poupées de bois.
Mettez dans la bouche de la première un tube
très étroit dans lequel vous introduirez quelques
grains de poudre de chasse retenus par un petit
morceau de papier, — dans la bouche de la seconde, un autre tube dans lequel vous insérerez
un peu de phosphore.

Si vous présentez à la première poupée, tout
près de sa bouche, une bougie allumée, la poudre
fera explosion et la bougie s'éteindra; et si alors
vous approchez immédiatement la bougie éteinte
de la bouche de la seconde poupée, le phosphore
s'enflammera et rallumera cette bougie.

Le coup double.

Près d'une bougie allumée, posez une seconde bougie, éteinte, mais bien éméchée, et garnie, à la partie supérieure de sa mèche, d'un tout petit morceau de phosphore. Si vous tirez de très près sur ces bougies avec un pistolet chargé à poudre, celle qui est allumée s'éteindra et celle qui est éteinte se rallumera.

L'eau enflammée.

Dans de l'acide sulfurique étendu de cinq fois son poids d'eau, mettez de la limaille de zinc et quelques morceaux de phosphore. La surface du liquide se couvrira immédiatement de flammes et le liquide lui-même sera sillonné par des traînées de feu.

Un masque lugubre.

Avec six parties d'huile d'olive et une partie de phosphore digérées au bain de sable on obtient une solution avec laquelle on peut impunément se frotter la figure. Après cette opération, le visage se couvre d'une flamme bleuâtre au milieu de laquelle les yeux et les lèvres apparaissent en taches noires.

Recette pour dorer ou argenter l'écriture.

Écrivez avec du mordant (vernis liquide que l'on peut se procurer chez tous les marchands de produits chimiques), comme vous écririez avec de l'encre ordinaire. Quand les caractères sont secs, appliquez sur le papier une feuille d'or ou d'argent (ou même de la poudre), que vous faites adhérer aux lettres au moyen d'une légère pression, — et enlevez avec un pinceau très doux l'or ou l'argent répandu sur le papier.

Un volcan artificiel.

Avec 15 kilogrammes de soufre en poudre, 15 kilogrammes de limaille de fer et une quantité d'eau suffisante, faites une pâte que vous enterrerez à 60 centimètres de profondeur. Au bout de quelques heures, il se sera formé un petit volcan artificiel qui projettera des cendres et renversera tout ce qui pourrait s'opposer à son éruption.

Recette pour ramoner soi-même ses cheminées.

Dans un mortier légèrement chauffé, broyez et mélangez intimement trois parties de salpêtre, deux parties de sel de tartre et une partie de fleur de soufre. Mettez une petite quantité de la poudre ainsi obtenue sur une pelle à feu et exposez cette pelle à un feu clair dans le foyer

de la cheminée. La poudre fulminera bientôt
dans le tuyau et la suie tombera dans l'âtre.

Si un premier ramonage paraissait insuffisant,
on procéderait immédiatement à un second. L'o-
pération ne comporte aucun danger.

Enflammer deux liquides froids en les mêlant.

Dans 30 grammes d'acide azotique faites tomber 20 gouttes d'acide sulfurique. Si vous versez
ce mélange sur de l'essence de térébenthine,
celle-ci s'enflammera instantanément.

Recette pour rendre leur fraîcheur à des fleurs fanées.

Si vous mettez tremper dans de l'eau bouillante les tiges de fleurs fanées, ces fleurs se re-
dresseront et reprendront leur fraîcheur primitive au fur et à mesure que l'eau refroidira.

Une substance inflammante.

Dans un plat de terre vernissé, mettez
90 grammes d'alun et 30 grammes de miel ou
de sucre. Tenez ce mélange sur le feu, en le
remuant constamment, jusqu'à ce qu'il soit sec
et dur; puis pilez-le et versez-le dans un matras
qu'il remplira aux trois quarts. Ce matras sera
déposé dans un creuset dont vous ferez le plein
avec du sable, et que vous placerez sur un four-

neau allumé et que vous couvrirez de charbons
ardents. Quand le matras ne dégagera plus de
vapeurs, retirez-le et bouchez-le avec du liège ; et
quand il sera bien refroidi, mettez le mélange
qu'il contient dans des flacons.

Ce mélange, versé sur du papier ou sur un
autre corps bien sec, l'enflammera. Si le résultat
se faisait attendre, on le précipiterait avec un peu
de salpêtre ou de soufre.

Il est essentiel de bien boucher les flacons où
l'on conserve le mélange et de les tenir à l'abri
de l'humidité.

Allumer du feu avec de l'eau.

Mettez de la chaux vive dans un vase et ar-
rosez-la d'eau que vous verserez lentement jusqu'à ce que vous obteniez une pâte presque
liquide. Il se dégagera de cette pâte une quantité
de chaleur suffisante pour enflammer le soufre,
la poudre ou le phosphore.

La pipe à gaz.

Bourrez une pipe en fer avec du charbon pilé
en guise de tabac et fermez le fourneau avec de
la terre glaise. Quand cette terre aura séché,
chauffez graduellement le fourneau de la pipe :
vous verrez bientôt sortir du tuyau du gaz qui
brûlera avec une flamme blanche (fig. 58).

Cette petite expérience n'est autre chose qu'une

reproduction en miniature du mode de la fabrication du gaz de l'éclairage. Quand elle est ter-

Fig. 58.

minée, on trouve comme résidu, dans le fourneau de la pipe, un peu d'huile de goudron et un morceau de coke.

Mélanges détonants.

I. — Mélangez trois parties de salpêtre avec deux parties d'alcali fixe bien desséché et une partie de soufre. Mettez ce mélange dans une cuiller de fer et exposez-le à un feu juste assez vif pour fondre le soufre. Ainsi traité, il suffira, pour qu'il détone, d'une faible élévation de température.

II. — Réduisez en poudre avec un pilon du chlorate de potasse auquel vous mêlerez ensuite un peu de farine de soufre très fine. Le simple frottement déterminera une détonation.

Manière de colorer les feux d'artifice.

Mêlés à la poudre :

La limaille d'acier donne des étincelles blanches et brillantes ;

Le noir de fumée colore la flamme en rouge foncé ;

La limaille de cuivre colore la flamme en vert ;

La limaille de zinc colore la flamme en bleu ;

Le charbon pilé colore la flamme en rouge très vif ;

Le sable jaune produit des jets qui imitent les rayons solaires.

Comme quoi un et un ne font pas deux.

Versez dans un flacon transparent, jusqu'en AB, de l'eau colorée avec quelques gouttes d'encre rouge ; puis versez au-dessus, le plus délicatement possible, de l'alcool jusqu'en CD. La densité de l'alcool étant plus faible que celle de l'eau, les deux liquides ne se mêleront pas (fig. 59).

Marquez, en y collant un morceau de papier, le niveau CD, puis agitez la bouteille : le verre du flacon deviendra sensiblement chaud, et, quand il aura repris sa température primitive, le niveau de liquide sera en MN, au-dessous de CD.

Cette expérience est une application de la loi des

volumes : quand deux corps se combinent, il y a presque toujours contraction de volume, c'est-à-dire que le volume du composé est moindre que la somme des volumes des composants.

Dans le cas précédent, l'eau et l'alcool se sont

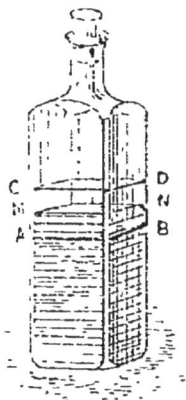

Fig. 59.

combinés dans le flacon au moment où ils ont été agités ensemble, ainsi que suffisait à le prouver la chaleur dégagée.

Recette pour argenter le cuivre.

Un morceau de cuivre poli, trempé dans une solution d'azotate d'argent, en sortira recouvert d'une couche d'argent métallique.

Recette pour donner au fer l'apparence du cuivre.

Un morceau de fer, trempé dans une solution d'azotate de cuivre, en sortira recouvert d'une couche de cuivre.

La cuiller fondante.

Mettez dans un creuset 150 grammes de bismuth et chauffez. Quand le bismuth sera fondu, ajoutez 90 grammes de plomb et 60 grammes d'étain. Formez une barre avec cet alliage et faites-la façonner en cuiller. Cette cuiller, plongée dans une tasse de café ou de thé bouillant, fondra très rapidement.

Recette pour argenter l'ivoire.

Plongez une lame d'ivoire poli dans une solution étendue de sous-nitrate d'argent, et laissez-l'y jusqu'à ce qu'elle soit devenue d'un jaune brillant. Mettez-la ensuite dans un verre d'eau distillée et exposez-la aux rayons du soleil. Au bout de deux ou trois heures, l'ivoire aura pris une teinte noire; il suffira alors de le frotter pour que sa surface argentée devienne brillante et métallique.

Procédé pour graver sur verre ou sur métal.

Étendez sur une feuille de verre ou sur une lame de métal une couche de vernis composé de cire vierge (50 p. 100), asphalte (25 p. 100) et mastic (25 p. 100), et dessinez sur ce vernis, avec un poinçon très fin, assez profondément pour mettre à nu la surface du verre ou du métal.

Cela fait, versez sur le vernis de l'acide azotique concentré. Cet acide pénétrera par les lignes creuses jusqu'au verre ou au métal, qu'il attaquera ; quand il aura suffisamment mordu, vous enlèverez la couche de vernis en la dissolvant avec de l'essence de térébenthine, et le verre ou le métal portera le dessin gravé en creux.

C'est là le procédé ordinaire employé pour la gravure à l'eau-forte.

Recette pour rendre le verre malléable.

Un mélange de sel d'oseille (10 p. 100), bois de santal rouge (10 p. 100) et essence de térébenthine (80 p. 100) a la propriété d'amollir le verre et de le rendre malléable.

Le verre un moment soumis à l'action de ce mélange pourra être facilement percé avec un poinçon.

Procédé pour graver en relief sur un œuf.

Lavez, essuyez et faites bien sécher un œuf à coquille épaisse. Ecrivez ou dessinez sur cette coquille avec une plume trempée dans de la graisse chaude et plongez l'œuf dans du vinaigre blanc ou dans de l'acide sulfurique faible.

Au bout de trois heures, retirez l'œuf et lavez-le à l'eau fraîche : l'écriture ou le dessin apparaîtra en relief.

La bouteille, canon.

Mettez dans une bouteille de verre noir très épais 50 centilitres d'eau, 95 grammes de limaille de fer et 60 grammes d'acide sulfurique. Bouchez cette bouteille, et, quand elle sera devenue chaude, débouchez-la et présentez à son orifice un morceau de papier enflammé : il se produira une détonation.

En rebouchant la bouteille et en la débouchant quelques secondes après, on pourra obtenir une longue série de nouvelles détonations.

Le verre enflammé.

Si dans un verre contenant une petite quantité d'acide sulfurique on verse un mélange composé d'un décigramme de chlorate de potasse et d'un décigramme et demi de soufre en poudre, il se dégagera du verre une flamme qui s'élèvera en colonne dans l'air.

Les serpents de Pharaon.

Versez du sulfocyanure de potassium dans une solution étendue d'azotate acide de mercure ; vous obtiendrez une pâte blanche que vous rendrez consistante par l'addition d'un peu de gomme. Vous ferez avec cette pâte des cônes de 2 à 3 centimètres de hauteur.

Posés sur une assiette et enflammés à leur
sommet, les cônes se boursouflent et s'allongent
en forme de serpents (fig. 60). L'illusion est d'au-

Fig. 60.

tant plus complète que la couleur de la substance
calcinée est la même que celle de la peau de la
vipère.

Les larmes bataviques.

Si, trempant dans du verre en fusion une ba-

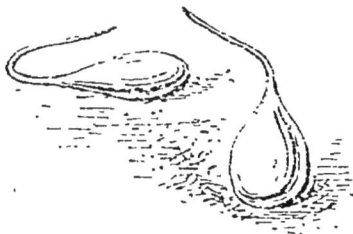

Fig. 61.

guette de verre, on enlève une parcelle de ce
verre, et qu'on la plonge immédiatement dans de

l'eau, froide, cette parcelle prendra la forme d'une larme (fig. 61).

Si l'on brise l'extrémité la plus mince de cette larme, la larme elle-même éclate et se réduit en poussière. Si l'expérience a lieu dans l'obscurité, il se dégage de la larme une vive lumière.

Si l'on met une larme batavique sur une enclume, on aura beau la frapper à coups de marteau, elle ne se brisera pas.

L'œuf élastique.

Si on laisse tremper un œuf dans du vinaigre pendant plusieurs heures, la coquille se ramollira au point qu'on pourra, en l'allongeant, le faire passer dans une bague, sans qu'il se casse.

L'œuf reprendra sa rigidité après être resté quelque temps dans de l'eau froide.

Procédé pour conserver les fleurs.

On peut garder des fleurs fort longtemps fraîches en mettant un peu de charbon pilé dans l'eau du vase où trempent leurs tiges.

Le briquet de Gay-Lussac.

L'appareil connu sous ce nom est une petite lampe qui s'allume d'elle-même sans le secours d'aucune flamme. Elle contient une cloche de verre renfermant un culot de zinc et de l'eau

acidulée, qui produiront de l'hydrogène. En
pressant un bouton placé à la partie supérieure de

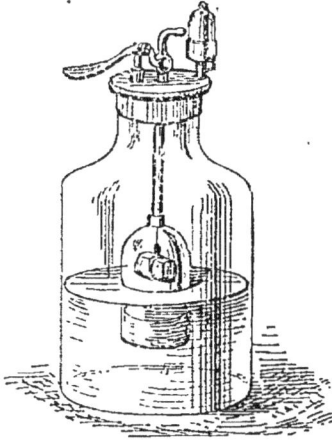

Fig. 62.

l'appareil, on livre passage à cet hydrogène, qui
arrive sur de la mousse de platine, s'enflamme,
et met le feu à la mèche de la lampe (fig. 62).

Une ingénieuse supercherie.

M. Gaston Tissandier a raconté dans la *Nature*
le tour suivant, qu'il a vu, dit-il, exécuté avec
grand succès devant un nombreux auditoire :

« L'opérateur prit un verre à boire parfaitement transparent et le plaça sur une table. Il
annonça qu'il allait recouvrir le verre d'une soucoupe, et que, se tenant à distance, il ferait pénétrer dans le verre la fumée d'une cigarette.

« Ce qui était annoncé s'exécuta. Tandis que
l'expérimentateur fumait au loin, le verre se

remplit comme par enchantement d'une fumée blanche très abondante. »

La réalisation de ce phénomène est des plus simples, dit M. Tissandier. « Il suffit de verser au préalable dans le verre deux ou trois gouttes d'acide chlorhydrique, et d'humecter la soucoupe, sur le fond qui bouchera le vase, avec quelques gouttes d'ammoniaque qui y adhéreront par capillarité. Les deux liquides, ainsi versés avant que le verre et la soucoupe ne soient présentés aux spectateurs, forment une couche si mince qu'ils passent inaperçus ; mais quand ils sont mis en présence, au moment où la soucoupe est placée sur le verre, ils donnent naissance à des vapeurs blanches de chlorhydrate d'ammoniaque. Ces vapeurs offrent une complète ressemblance avec la fumée de tabac. »

L'hiver et l'été.

Peignez sur un carton, avec des couleurs ordinaires, un terrain, des troncs d'arbres et leurs branches. Puis, peignez les feuilles, les herbes et tout ce qui est vert avec une solution de safre (oxyde de cobalt) digérée dans de l'eau régale et étendue d'eau ordinaire.

Cette seconde partie de la peinture restera invisible à la température ambiante, et le tableau représentera une campagne aride et sans verdure, — un site vu en hiver. Mais si l'on chauffe le carton, les couches safrées apparaîtront en vert ; et le paysage symbolisera, non plus l'hiver, mais l'été.

La végétation magique.

Arrosez de l'huile de tartre avec de l'acide sulfurique jusqu'à saturation complète et faites évaporer ; vous obtiendrez une matière blanche que vous mettrez dans un vase de grès et sur laquelle vous verserez 25 centilitres d'eau froide.

Après quelques jours d'exposition à l'air, il se formera une végétation branchue, que l'on pourra activer en ajoutant un peu d'eau.

Les cristaux des pharmaciens.

On voit souvent, dans les boutiques de pharmaciens, des bocaux de verre dont les parois internes sont garnies d'une multitude de beaux cristaux blancs, soyeux et transparents, formés au-dessus d'une poudre rouge déposée au fond du bocal. Ces cristaux se forment en combinant l'iode avec le cyanogène, de manière à obtenir de l'iodure de cyanogène.

Pour réaliser l'expérience, broyez dans un mortier un mélange de 50 grammes de mercure et de 100 grammes d'iode ; la poudre, d'abord brune, prendra bientôt une coloration rouge très éclatante. Vous n'aurez qu'à enfermer cette poudre rouge dans un vase de verre bouché, pour que les vapeurs d'iodure de cyanogène se condensent et cristallisent.

6.

Une cristallisation instantanée.

On pourrait donner beaucoup d'exemples de
cristallisations instantanées ; le plus curieux est
sans doute celui auquel M. Péligot a eu recours
dans ses leçons de chimie au Conservatoire des
Arts et Métiers.

L'éminent chimiste dissout 150 parties d'hyposulfite de soude dans 15 parties d'eau et verse la
dissolution dans une éprouvette à pied, préalablement chauffée avec de l'eau bouillante qui la
remplit à moitié. Il dissout, d'autre part, 100 parties d'acétate de soude dans 15 parties d'eau bouillante, et il verse cette solution sur la première,
de façon à ce qu'elle forme dans l'éprouvette
une couche supérieure à celle de l'hyposulfite de
soude. Enfin il recouvre les deux solutions d'une
petite couche d'eau bouillante et laisse refroidir
sans remuer l'éprouvette.

Quand tout est froid, M. Péligot descend dans
l'éprouvette un fil à l'extrémité duquel est fixé
un petit cristal d'hyposulfite de soude ; le cristal
traverse la solution d'acétate de soude sans la
troubler, mais dès qu'il pénètre dans la solution
d'hyposulfite de soude, celui-ci cristallise.

Lorsque l'hyposulfite est pris en masse, M. Péligot descend dans la solution supérieure un
cristal d'acétate de soude suspendu à un autre
fil, et ce dernier sel cristallise à son tour.

Le champignon philosophique.

Voulez-vous faire pousser instantanément un champignon ? Rien n'est plus simple. Prenez un grand verre à pied, dont l'intérieur soit en forme de cône renversé, et versez-y 30 grammes d'acide azotique et 30 grammes d'huile essentielle de gaïac. Il se produira une vive fermentation, accompagnée de fumée, et une masse spongieuse s'élèvera, ayant la forme d'un champignon naturel.

Les végétations métalliques.

I. *L'arbre de Mars.* — Dans un grand verre à pied ou dans un socle creux, mettez de la limaille de fer sur laquelle vous verserez de l'acide azotique très étendu ; puis ajoutez de l'huile de tartre. Il se produira une vive effervescence et une multitude de branches s'amoncelleront dans le verre ou dans le socle, d'où elles sortiront sous l'aspect d'une plante métallique.

II. *L'arbre de Diane.* — Cet arbre s'obtient en décomposant une dissolution mixte d'argent et de mercure dans de l'acide azotique très étendu par un amalgame d'argent. En opérant dans une éprouvette ou dans un verre haut et étroit, l'arborescence se produit très rapidement.

III. *L'arbre de Saturne.* — On l'obtient en décomposant au moyen d'une lame de zinc une solution d'acétate neutre de plomb; on peut rendre l'arborescence plus belle en fixant à la lame de zinc quelques fils de laiton qui simulent

Fig. 63.

les branches et se recouvrent de cristaux de plomb (fig. 63).

IV. *L'arbre de Jupiter.* — On l'obtient en faisant agir, en présence de l'eau, de l'acide azotique sur le chlorhydrate d'étain.

V. On produit encore de jolies arborescences, mais qui n'ont pas l'éclat des précédentes, en mettant dans une éprouvette une dissolution de silicate de soude et en y laissant tomber un cristal de sulfate de protoxyde de fer ou de sulfate de cuivre. Les filaments obtenus par ce procédé sont des mélanges de silicate de fer ou de cuivre et de carbonate de potasse.

VI. *Végétation de l'argent sur une glace.* — Versez un peu d'azotate d'argent en dissolution et étendu du double de son poids d'eau sur une glace (ou sur une ardoise) que vous aurez couverte de tiges de zinc ou de cuivre. Au bout de quelques heures, il se formera autour de ces tiges une végétation d'argent.

La corbeille cristallisée.

Filtrez au papier gris une dissolution d'alun que vous ferez ensuite bouillir doucement. Quand elle sera ainsi débarrassée d'environ la moitié de l'eau qu'elle contient, versez-la, chaude encore, dans un vase de terre où vous aurez placé une corbeille d'osier ou de fil de fer recouvert de laine. Au fur et à mesure que la dissolution refroidira, la corbeille se recouvrira de très beaux cristaux.

On peut obtenir une cristallisation colorée en colorant la dissolution d'alun. Une infusion de garance et de cochenille donnera des cristaux cramoisis, le safran donnera des cristaux jaunes, l'encre de Chine gommée des cristaux noirs, l'indigo dissous dans l'acide sulfurique des cristaux bleus, le chlorhydrate de fer des cristaux verts.

Eaux colorées.

On obtient de l'eau bleue par l'addition d'une
dissolution d'ammoniure de cuivre ; de l'eau
verte, avec du chlorhydrate de cuivre ; de l'eau
rouge, avec une décoction de bois de Fernam-
bouc additionnée d'alun ; de l'eau jaune, avec de
la potasse ; de l'eau violette, avec de la teinture
alcoolique d'oseille.

Procédés pour substituer une couleur à une autre.

1. Pour changer en vert la couleur jaune de
la teinture de safran, ajoutez de la teinture de
roses rouges.

2. Pour changer de la teinture de violette en
cramoisi, ajoutez de l'acide sulfurique.

3. Pour changer en bleu de la teinture de
roses rouges, ajoutez du sous-carbonate d'ammoniaque.

4. Pour changer en jaune une solution brune
des sels contenus dans les cendres, ajoutez du
vitriol de Hongrie.

5. Pour changer en noir de la teinture de roses
rouges, ajoutez du vitriol de Hongrie.

6. Pour changer en rouge une dissolution verte
de cuivre, ajoutez de la teinture de cyanus
(bluet).

7. Pour changer en noir une solution verte de

sulfate de cuivre, ajoutez une infusion de noix de galle.

Le ruban rose décoloré et recoloré.

Un ruban rose mis dans un verre contenant de l'acide azotique très étendu est immédiatement décoloré. Pour lui rendre sa coloration, il suffit de le soumettre à l'action de l'ammoniaque étendue.

Un liquide décoloré et recoloré.

Si vous faites réagir de l'ammoniaque sur de la limaille de cuivre, vous obtenez un liquide bleu, qui, enfermé dans un flacon bien bouché, aura perdu sa coloration au bout de deux ou trois jours. Pour que cette coloration reparaisse, il suffira d'ouvrir le flacon.

Teindre en rouge avec un liquide incolore.

En versant de l'eau de chaux sur du jus de betterave, on obtient un liquide incolore; mais si l'on plonge dans ce liquide un linge blanc, ce liquide deviendra rouge en séchant à l'air.

La rose changeante.

Faites brûler du soufre et exposez à sa fumée une rose rouge épanouie. Cette rose deviendra blanche.

Pour que la fleur reprenne sa couleur primitive, il suffit de laisser tremper sa tige dans l'eau pendant plusieurs heures.

Rendre des violettes rouges, vertes ou blanches.

Après avoir humecté les violettes avec de l'eau, on les soumet à l'action des réactifs suivants, qui les colorent :

Le gaz acide chlorhydrique en rouge ;

Le gaz ammoniac en vert ;

Le chlore ou la vapeur de soufre en blanc.

Les encres sympathiques.

On appelle *encres sympathiques* certains liquides qui, déposés à l'état d'écriture ou de dessin sur du papier, de la toile ou de la soie, y laissent des traces invisibles qui se colorent par l'action de la chaleur ou de réactifs appropriés.

1. *Encre sympathique noire.* — Elle se compose de bismuth dissous dans de l'acide azotique. Les caractères incolores formés avec cette encre deviendront noirs si on les expose à la vapeur d'un alcali fixe.

Les caractères tracés avec du vitriol fraîchement dissous dans de l'eau additionnée d'acide azotique deviennent noirs si l'on y passe, avec un pinceau, de la noix de galle infusée et non bouillie.

2. *Encre sympathique rose.* — Faites dissoudre du safre (oxyde bleu de cobalt) dans de l'eau-forte et ajoutez un peu de salpêtre purifié. En mélangeant le produit dans de l'eau, vous obtiendrez une encre rose qui disparaîtra en séchant et reparaîtra à la chaleur.

3. *Encre sympathique brune.* — Écrivez sur du papier blanc avec de l'acide sulfurique très étendu. Vous tracerez ainsi des caractères qui deviendront invisibles en séchant, mais que vous n'aurez qu'à soumettre à l'action de la chaleur pour les faire reparaître en brun.

4. *Encre sympathique blanc d'argent.* — Écrivez sur du papier fort et bien collé avec une solution d'eau végéto-minérale (suracétate de plomb). Les caractères apparaîtront avec des reflets argentés quand vous les exposerez à des vapeurs d'hydrogène sulfuré.

5. *Encre sympathique verte.* — Mêlez une infusion de violette à une solution de sel de tartre ; l'encre paraîtra verte par l'action d'un extrait peu concentré de violette, de pensée ou de reine-marguerite (1).

6. *Encre sympathique rouge.* — Cette encre se

---

(1) On prépare très facilement ces extraits en pilant les fleurs dans un mortier, en ajoutant de l'eau, et en exprimant le jus à travers un linge.

7

compose d'acide azotique étendu de dix fois son volume d'eau ; elle apparaît par l'action de l'extrait.de violette, de pensée ou de reine-marguerite.

7. *Encre sympathique violette.* — Cette encre n'est autre chose que du jus de citron, que l'on traitera par l'un des extraits de fleurs déjà cités.

8. *Encre sympathique jaune.* — On l'obtient en faisant macérer pendant huit ou dix jours de la fleur de souci dans du vinaigre blanc distillé. Traiter comme ci-dessus.

Le jus de citron donne une encre sympathique brune, le suc de l'oignon une encre sympathique noirâtre, et le jus de cerise une encre verdâtre ; l'acide acétique produit une écriture rouge pâle. Toutes ces encres doivent être traitées par la chaleur.

On peut se servir d'encres sympathiques différentes pour composer des tableaux, orner des écrans ou des éventails, etc. Quand ces encres apparaîtront, l'effet qu'elles produiront ne manquera pas de surprendre agréablement.

Autres encres particulières.

1. *Encre verte.* — Cette encre s'obtient en faisant dissoudre du safre en poudre (oxyde bleu

de cobalt) dans de l'eau régale que l'on soumettra pendant vingt-quatre heures à l'action d'un feu très doux, et en ajoutant plus ou moins d'eau, suivant que l'on veut avoir un vert plus foncé ou plus tendre.

2. *Encre pourpre.* — Dissolvez de l'oxyde bleu de cobalt dans de l'eau-forte, ajoutez un peu de sel de tartre et étendez d'eau.

3. *Encre lisible dans l'eau.* — Écrivez avec une forte dissolution d'alun de roche sur du papier d'office (papier mou et très peu collé) et laissez sécher. Si vous étendez ce papier sur une assiette et que vous le couvriez d'une nappe d'eau, le papier jaunira et l'écriture s'y détachera en blanc mat.

4. *Encre d'or.* — Une dissolution d'or dans l'eau régale donne une encre qui, soustraite à l'action des rayons solaires, devient incolore en séchant. Pour faire apparaître les caractères tracés avec cette encre, il suffit de les exposer pendant deux heures au soleil.

Si l'on veut donner à cette encre la couleur pourpre, on passera sur le papier, avec une éponge ou avec un pinceau, de l'eau saturée d'étain dissous dans l'eau régale.

5. *Encres indélébiles.* — L'encre indélébile la plus communément employée se compose d'en-

cre de Chine délayée dans de l'eau et rendue alcaline par l'addition de soude caustique.

L'encre à marquer le linge est un composé d'azotate d'argent dissous dans de l'eau gommée et colorée avec de l'encre de Chine.

Recettes pour enlever les taches d'encre ou l'écriture.

Pour enlever des taches d'encre ou des caractères écrits sur une feuille de papier, il suffit de verser sur le papier de l'eau de chlore. — On peut aussi se servir de sel d'oseille légèrement étendu d'eau. — On arrive encore au même résultat au moyen d'un mélange de 30 grammes d'eau-forte avec 15 grammes d'ambre pilé ; pour éviter que le papier jaunisse, on le lave avec de l'eau ordinaire tout de suite après l'opération.

Crayon sympathique.

Avec ce crayon, on peut écrire sur le verre. C'est un mélange de craie d'Espagne et de vitriol de Chypre. Quand les caractères sont tracés, on essuie très légèrement le verre avec un linge ; il n'y aura alors qu'à souffler pour que les caractères apparaissent.

La question et la réponse.

Avec de l'encre ordinaire, écrivez en tête de

plusieurs carrés de papier des questions au-dessous desquelles vous écrirez les réponses avec de
l'encre sympathique d'or. Faites choisir à différentes personnes, parmi ces questions, celle à
laquelle elles voudraient avoir une réponse et
donnez-leur le carré de papier qui la contient en
promettant que la réponse apparaîtra d'elle-
même. Le lendemain ou le surlendemain, sous
l'influence de la lumière solaire, la réponse que
vous avez écrite avec l'encre d'or sera, en effet,
devenue visible.

Le caméléon minéral.

Le caméléon minéral, découvert par Scheele,
est un composé de salpêtre et de bioxyde de man-
ganèse.

Ce corps jouit de propriétés curieuses.

Si l'on en dépose au fond d'un verre une
faible quantité et que l'on ajoute de l'eau
froide, la liqueur se colorera d'abord en vert,
puis passera au pourpre et arrivera enfin au
rouge.

Si maintenant on se sert d'eau chaude au lieu
de se servir d'eau froide, on obtiendra une couleur violette qui passera bientôt au cramoisi; et
la coloration sera dans ce cas d'autant plus intense que l'on aura opéré sur une plus grande
quantité de caméléon.

En employant 53 centigrammes de caméléon
pour un demi-litre d'eau froide, les colorations

verte, pourpre et rouge apparaîtront à très peu
d'intervalle.

Si l'on s'est, par inadvertance, écarté de la
proportion précédente, et que les transforma-
tions soient lentes à s'opérer, on pourra les activer en versant quelques gouttes d'acide azotique
dans le verre.

TROISIÈME PARTIE
EXPÉRIENCES DIVERSES

Le verre sorcier.

Prenez un verre à boire et posez-le sur une rondelle de carton que vous maintiendrez solide-

Fig. 64.

ment par un réseau de ficelles, comme l'indique la figure 64.

Versez de l'eau dans ce verre, saisissez la ficelle en A et faites tourner rapidement le verre comme vous feriez tourner une fronde. L'eau ne tombera

pas, même quand le verre passera par la position
verticale de haut en bas.

Cette expérience est une application des lois
relatives à la force centrifuge.

Le verre qui ne déborde jamais.

Versez de l'eau dans un verre jusqu'à ce qu'il
soit plein jusqu'au bord et placez à côté de lui une

Fig. 65.

pile de pièces de cinq francs. Interrogez alors les
assistants et demandez-leur combien, à leur avis,
vous pourrez laisser tomber de pièces dans le
verre sans qu'il déborde. On vous répondra : une,
deux, — trois, au plus. Or, si vous laissez tomber les pièces très délicatement l'une après l'autre,
vous arriverez facilement à en loger une dizaine
sans accident. En vertu du phénomène bien connu
de la capillarité, la surface de l'eau deviendra

de plus en plus convexe et s'élèvera en dehors et au-dessus du verre (fig. 65). Il serait imprudent de continuer l'expérience quand dix pièces ont été immergées.

Trouer une planche avec un bout de chandelle.

Dans un fusil chargé à poudre, mettez un bout de chandelle en guise de balle et tirez contre une planche peu épaisse. Le bout de chandelle percera la planche aussi bien qu'une balle de plomb.

Les aiguilles flottantes.

Si l'on enduit très légèrement de suif des ai-

Fig. 66.

guilles à coudre, ces aiguilles, délicatement déposées sur de l'eau, flotteront à sa surface. Deux aiguilles flottant ainsi se rapprocheront et se colleront l'une à l'autre (fig. 66).

Le suif est destiné à empêcher l'eau de mouiller les aiguilles ; aussitôt que ces aiguilles seront mouillées, elles plongeront.

Transformation soudaine.

Trempez de l'étoupe de chanvre ou de la ouate dans un mélange de safran et de gros sel dissous dans de l'esprit-de-vin ; éteignez toutes les lumières, mettez le feu à l'étoupe et agitez l'esprit-de-vin avec une spatule de fer. A la lueur de la flamme, les visages des personnes présentes paraîtront d'un vert livide et leurs lèvres bronzées.

Le marron-veilleuse.

Pelez un marron d'Inde, percez-le de trous avec une grosse épingle et laissez-le séjourner dans l'huile pendant vingt-quatre heures ; enfin, introduisez à l'intérieur un peu de mèche de coton. Vous aurez ainsi constitué une veilleuse originale : le marron flottera à la surface d'un verre d'eau et la mèche brûlera.

La résistance d'un brin de paille.

Introduisez dans une carafe contenant de l'eau une forte paille sans brisure. Quand cette paille aura touché le fond de la carafe et se sera repliée comme l'indique la figure 67, vous pourrez enlever cette carafe et la tenir suspendue par la paille,

Fig. 67.

sans que celle-ci se casse.

La pièce obéissante.

Sur une table recouverte d'une nappe déposez trois pièces de cinq francs, A,B,C, en argent (ou trois pièces de 10 centimes), et, au centre M du triangle ABC, une pièce de cinquante centimes. Prenez ensuite un verre vide que vous ferez reposer, renversé, sur les trois pièces A,B,C (fig. 68) et demandez que l'on retire la pièce M de sous le verre sans toucher ni à ce verre ni à la pièce elle-même.

Pour exécuter ce petit tour, il suffit de gratter la nappe avec l'ongle en dehors du verre, dans l'une des trois directions indiquées sur la figure

par des flèches. La pièce M suivra naturellement
l'impulsion reçue par la nappe, se rapprochera

Fig. 68.

peu à peu du bord du verre et ne tardera pas à
être délivrée.

Les quatre éléments.

C'est une loi bien connue de l'hydrostatique
que lorsqu'on verse dans un vase des liquides de
densités différentes, ces liquides se superposent
en tranches horizontales, le liquide le plus dense
occupant le fond du vase et les autres liquides se
plaçant au-dessus du premier dans l'ordre dé-
croissant de leurs densités.

C'est sur ce principe qu'est fondée l'expérience
dite des quatre éléments.

Sur la paroi d'un flacon de verre bien transparent marquez quatre divisions avec de petites ban-
des de papier sur lesquelles vous inscrivez, en
commençant par le bas : *terre, eau, air, feu ;*

puis remplissez ces divisions avec les substances
suivantes :

1° De l'émail noir grossièrement concassé ;

2° Du tartre calciné, teinté d'azur ;

3° De l'eau-de-vie colorée en vert ;

4° De l'essence de térébenthine rougie avec de
l'orcanète (plante tinctoriale de la famille des bor-
raginées). Bouchez ensuite le flacon à l'émeri.
Si l'on agite ce flacon, les quatre substances qu'il
contient s'entremêlent et se confondent ; c'est le
chaos. Mais si on laisse reposer, ces substances
se séparent et forment quatre tranches horizontales bien distinctes. En haut du flacon, l'essence
de térébenthine rougie représente le feu ; le tartre
azuré représente l'air, l'eau-de-vie verdie représente l'eau et l'émail noir représente la terre.

L'éclosion miraculeuse.

Il est un moyen très simple de faire éclore des
fleurs en hiver, si l'on a eu le soin de couper sur
leur tige, à l'époque de la floraison, des boutons
bien formés, d'enduire les extrémités des tiges de
cire à cacheter et de conserver les boutons fanés à
l'abri de l'humidité.

Pour obtenir un épanouissement immédiat, il
suffit d'enlever la cire et de faire tremper les
tiges dans de l'eau salée.

La grêle artificielle.

Découpez dans du carton épais une vingtaine de disques de 10 à 12 centimètres de diamètre; percez chacun de ces disques d'un trou central de 2 centimètres et demi de diamètre et pratiquez une incision allant du trou central à la circonférence (fig. 69). Joignez ensuite tous ces disques, de manière que les parties incisées soient voisines

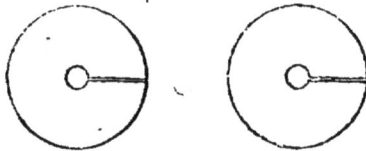

Fig. 69.

les unes des autres et forment par leur réunion la figure d'une vis.

Cela fait, enfilez tous les disques sur une baguette de bois, et, sans changer les positions relatives des incisions, collez avec de la colle forte ces disques sur la baguette, en les espaçant de 2 centimètres et demi environ.

Enveloppez alors l'appareil d'un étui de parchemin bien tendu, fermez l'une des extrémités de cet étui et introduisez par l'extrémité restée ouverte 500 grammes de plomb de chasse. Fermez enfin la seconde extrémité de l'étui.

Il suffit de retourner l'appareil ou de l'agiter pour que les grains de plomb produisent, en dégringolant à travers les disques, une crépitation absolument semblable à celle de la grêle contre les vitres.

Les éclairs artificiels.

On produit des éclairs artificiels par deux procédés.

Le premier de ces procédés est en usage dans les théâtres. On se sert d'une longue pipe de fer-blanc, dont la tête contient de la poudre de lycopode (soufre végétal), déposée dans un récipient placé un peu en arrière d'une lampe à alcool. Quand on souffle dans le tuyau de la pipe, la poudre de lycopode est projetée sur la flamme de la lampe, brûle, et sort de la pipe avec des lueurs qui produisent sur le public une illusion complète.

Le second procédé consiste à faire évaporer de l'alcool camphré dans une chambre dont on a hermétiquement bouché les fenêtres et où l'obscurité est profonde. Dès qu'une personne entrera dans la chambre avec une lumière, l'air paraîtra s'enflammer et des éclairs artificiels brilleront. — Cette expérience est absolument sans danger.

Manière de produire l'incombustibilité.

On peut rendre les étoffes incombustibles et la peau du corps insensible à l'action de la chaleur par l'emploi d'une solution d'alun évaporée et devenue spongieuse ; après s'être frotté la main avec cette solution, on touchera un fer rouge sans éprouver la moindre douleur. Les cheveux seront également rendus incombustibles après des frictions semblables.

La langue enduite d'une pâte composée de savon saturé d'alun supportera sans brûlure le contact du fer rouge ou de l'huile bouillante.

En frottant les étoffes légères, les mousselines et les gazes, par exemple, — avec un mélange de blanc d'Espague et d'amidon, on les rend incombustibles.

Les bois deviennent incombustibles quand ils sont imprégnés d'une dissolution concentrée d'alun, de vitriol vert (azolate de cuivre) ou de glycérocolle (mélange de glycérine et de gélatine). On obtient encore l'incombustibilité au moyen du phosphate d'ammoniaque ou de cuivre, du silicate de potasse, de l'acide borique et du chlorure de potassium.

Enfin, il existe un tissu naturellement incombustible : c'est l'amiante.

La glace inflammable.

Faites fondre sur un feu doux du blanc de baleine (1) avec de l'huile essentielle de térébenthine distillée. Il se forme une liqueur transparente qui se congèle en deux ou trois minutes quand on la met dans un lieu frais. (Si la saison

(1) Matière grasse que l'on retire du cerveau de la baleine.

est très chaude, il sera bon, pour favoriser la congélation, de plonger dans de l'eau froide le vase où est contenue la liqueur.)

Si l'on verse sur cette liqueur glacée de l'acide azotique concentré, elle s'enflammera instantanément et se consumera tout entière.

Le charbon incombustible.

Mettez dans une boîte de fer un charbon qui la remplisse et soudez le couvercle. Vous pourrez laisser cette boîte dans le feu pendant plusieurs jours sans que le charbon brûle; en l'ouvrant après qu'elle aura été refroidie, vous trouverez ce charbon intact.

Un crayon qui coupe le verre.

M. Gaston Tissandier a donné, dans le journal *La Nature*, un moyen très curieux de découper une bouteille en une spirale élastique. Il mélange et délaye dans de l'eau :

180 grammes de noir de fumée,
60 grammes de gomme arabique,
23 grammes de gomme adragante,
23 grammes de benjoin,

et avec la pâte ainsi obtenue il forme une espèce de crayon très pointu qu'il rougit au feu. Ce crayon coupe le verre très facilement, de sorte que si on le promène autour d'une bouteille en suivant une spirale, on découpera cette bouteille en une bande continue et élastique.

Une dame obéissante.

Formez sur un damier (ou sur une table) une pile de dames. Vous pourrez très facilement faire sortir de cette pile une des dames placées à sa partie inférieure sans renverser les autres. Il suffira, pour cela, de prendre l'un des petits couvercles à coulisse du damier (ou une règle plate) et d'appliquer avec son tranchant un coup sec et violent sur la dame que l'on veut enlever.

L'œuf sauteur.

En soufflant avec beaucoup d'énergie dans un petit verre contenant un œuf dur, on arrive à faire sauter l'œuf en dehors du verre. Il est même possible aux gens habiles et doués de poumons très solides de faire passer par le même procédé un œuf dur d'un verre dans un autre placé à côté.

Un fil qui ne brûle pas.

Si vous entourez de fil *parfaitement tendu et serré* une pierre bien lisse, la flamme n'aura aucune action sur ce fil.

Un jet d'eau économique.

Remplissez d'eau aux trois quarts un flacon à

deux tubulures. Dans l'intérieur du bouchon B,
fermant hermétiquement le flacon, faites passer
un tube étroit dont l'extrémité inférieure plongera dans l'eau, et dans l'intérieur du bouchon C,
fermant aussi hermétiquement l'ouverture latérale, faites passer un autre tube AC dont l'extrémité E sera au-dessus de l'eau (fig. 70). Si vous

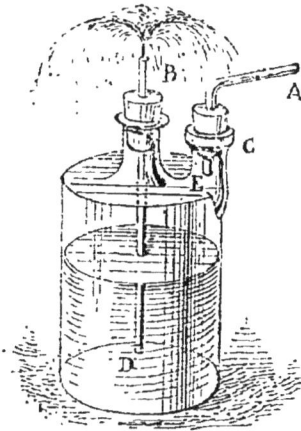

Fig. 70.

soufflez fortement en A dans le tube ACE, ou si
par un procédé quelconque vous envoyez par ce
tube de l'air dans le flacon, la pression qui s'exer-
cera sur la surface de l'eau obligera le liquide à
monter dans le tube DB et à s'échapper en un jet,
qui se prolongera, pourvu que l'on introduise de
l'air rapidement, aussi longtemps que l'extrémité
inférieure du tube BD plongera dans l'eau.

Illumination de l'eau.

Jetez dans un verre d'eau un morceau de sucre imbibé d'éther sulfurique. L'eau s'illuminera et produira dans une chambre noire un fort bel effet.

En soufflant légèrement à la surface de l'eau, on formera des ondulations lumineuses.

Les gouttes d'eau capricieuses.

Saupoudrez de lycopode une feuille de papier blanc et laissez-y tomber un peu d'eau ; cette eau se formera immédiatement en gouttelettes distinctes qui rouleront sur le papier avec une étonnante rapidité.

L'eau changée en vin.

Prenez deux fioles en fer-blanc, d'égale capacité, mais telles que le goulot de l'une puisse s'emboîter dans le goulot de l'autre. Remplissez la première de ces fioles avec de l'eau et la seconde avec du vin. Si vous fixez par le goulot la première fiole dans la seconde, après l'avoir renversée, l'eau, qui est plus lourde que le vin, descendra peu à peu dans la fiole inférieure et y remplacera le vin qui montera dans la fiole supérieure.

La bouteille qui se vide quand on la débouche.

Percez de plusieurs petits trous le fond d'une bouteille; plongez cette bouteille dans l'eau jusqu'au goulot, remplissez-la d'un liquide quelconque et bouchez-la hermétiquement. Vous pourrez

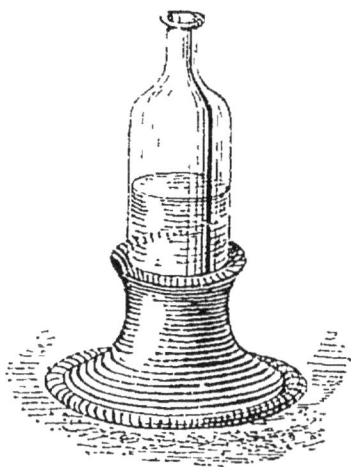

Fig. 71.

la retirer de l'eau sans que son contenu s'échappe par les trous. Posez alors la bouteille sur un socle creux et débouchez-la ; immédiatement le liquide qu'elle renferme s'échappera et elle se videra automatiquement, au grand étonnement des spectateurs qui ne savent pas qu'elle est percée (fig. 71).

Les esprits sauteurs.

On donne ce nom à un petit jouet qui n'est autre chose qu'un thermoscope (fig. 72). Ce jouet se compose d'un double tube de verre rempli d'alcool. La partie ombrée de la figure est recouverte d'un papier argenté qui cache deux figuri-

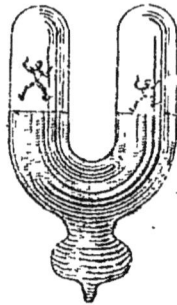

Fig. 72.

nes. La chaleur de la main suffit pour faire monter dans les deux parties du tube les figures, qui sautent, bondissent et s'agitent d'une façon fort divertissante.

La poupée à cheval sur l'eau.

A une poupée de liège, peinte et légèrement costumée, ajustez un cône creux très mince, fait avec une feuille de laiton. Placée à l'extrémité d'un jet d'eau vertical, cette poupée se tiendra en équilibre, valsera, montera si le jet s'élève, descendra s'il descend.

Une sphère de cuivre très mince, d'environ 3 centimètres de diamètre, se maintiendra également en équilibre sur le jet d'eau.

Le globe hydraulique.

Percez de petits trous une sphère creuse en cuivre ou en plomb, de manière que l'ensemble de ces trous ne laisse pas échapper une quantité de liquide supérieure à celle que débite un jet d'eau à l'extrémité duquel vous fixerez la sphère. Lorsque vous ouvrirez le jet, l'eau, fortement projetée, s'échappera par les ouvertures de la sphère en formant une fort belle gerbe liquide.

Le soleil hydraulique.

A l'extrémité d'un tube coudé A vissé au bec

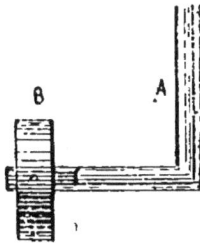

Fig. 73.

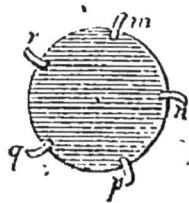

Fig. 74.

d'un jet d'eau, ajustez, de manière à ce qu'il puisse y tourner librement, un disque creux B, en cuivre (fig. 73). Divisez la circonférence de ce disque en cinq parties égales et aux points de division adaptez de petits tubes *mnpqr* légèrement recourbés (fig. 74).

Quand l'eau arrivera par le tube A dans l'intérieur du disque, elle s'échappera par les tubes *mnpqr* et le disque se mettra en mouvement. Les

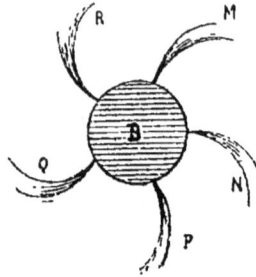

Fig. 75.

cinq gerbes MNPQR formeront un soleil liquide
analogue aux soleils des artificiers (fig. 75).

Le coq hypnotisé.

Prenez un coq et placez-le sur une table de

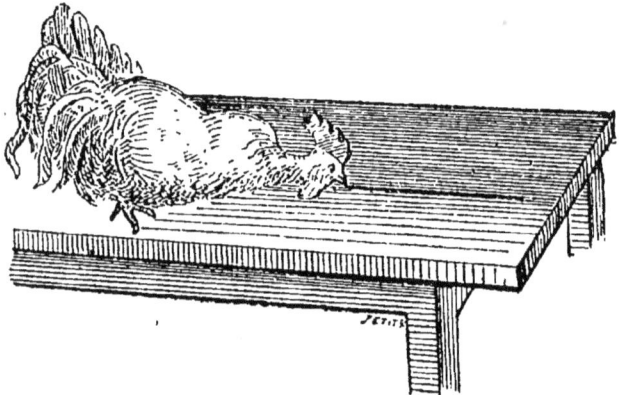

Fig. 76.

couleur foncée; appliquez-lui le bec en un point A
de la table et maintenez-le ainsi pendant que

l'on trace sur la table, avec de la craie, une ligne blanche AB. L'animal suivra des yeux le tracé de cette ligne; et quand elle aura atteint une longueur de 40 à 50 centimètres, il sera devenu cataleptique. Il restera absolument immobile, les yeux fixes, pendant une minute environ, à la même place et dans la position où il fallait tout à l'heure le retenir par la force (fig. 76).

L'expérience réussit également bien si on trace une *ligne noire* sur une table de *bois blanc*.

Les poules ne subissent pas l'influence de l'hypnotisme au même degré que les coqs.

FIN

TABLE DES MATIÈRES

CHAPITRE VI. — Expériences et phénomènes magnétiques.

DEUXIÈME PARTIE. — Chimie.

TROISIÈME PARTIE. — Expériences diverses.

6343-90. — Corbeil. Imprimerie Crété.

www.ingramcontent.com/pod-product-compliance
Lightning Source LLC
Chambersburg PA
CBHW071914200326
41519CB00016B/4612